变色微流控系统及应用

张　敏　著

中国矿业大学出版社
·徐州·

内 容 提 要

本书主要介绍变色微流控系统基础理论及应用,主要内容包括:变色微流控技术概述,变色微流控系统液体流动,变色微流控系统驱动装置,形状记忆合金驱动变色微流控系统,变色微流控系统制备工艺,变色微流控系统应用。

本书可作为微机电系统工程专业研究生参考用书,也可供从事微流控系统的研究人员参考使用。

图书在版编目(CIP)数据

变色微流控系统及应用 / 张敏著. —徐州:中国
矿业大学出版社,2023.11
ISBN 978 - 7 - 5646 - 5430 - 6

Ⅰ. ①变… Ⅱ. ①张… Ⅲ. ①化学分析－自动分析－
芯片－研究 Ⅳ. ①O652.9

中国国家版本馆 CIP 数据核字(2023)第 230763 号

书　　名	变色微流控系统及应用
著　　者	张　敏
责任编辑	马晓彦
出版发行	中国矿业大学出版社有限责任公司
	(江苏省徐州市解放南路　邮编221008)
营销热线	(0516)83885370　83884103
出版服务	(0516)83995789　83884920
网　　址	http://www.cumtp.com　E-mail:cumtpvip@cumtp.com
印　　刷	江苏凤凰数码印务有限公司
开　　本	787 mm×1092 mm　1/16　**印张** 11　**字数** 210 千字
版次印次	2023 年 11 月第 1 版　2023 年 11 月第 1 次印刷
定　　价	49.00 元

(图书出现印装质量问题,本社负责调换)

前　言

目前,传统的光学自动变色主要采用固体光致变色材料,通过不同光强条件下材料呈现不同的分子或电子结构状态来实现变色功能,其可控性和可逆性较差,且寿命不高。近年来,微流控技术在生物检测、化学分析、医疗诊断等多个领域得到了广泛的研究和发展,微流控和光学领域的结合也是其中一个重要研究方向。

本书共 6 章。第 1 章概要性地介绍变色微流控技术;第 2 章介绍变色微流控系统液体流动,包括重力作用的影响、微流道转角的"自净"特性以及导流板对微流体流动特性的影响;第 3 章介绍变色微流控系统驱动装置,包括常规驱动装置以及基于形状记忆合金(SMA)、液态金属和超声行波的新型驱动装置;第 4 章介绍形状记忆合金驱动变色微流控系统,详细介绍了由 SMA 驱动变色微流控系统的数学模型、特性仿真和试验研究;第 5 章介绍变色微流控系统制备工艺,包括微流控模具制备工艺、"软刻蚀"加工工艺、不可逆封接工艺以及有机硅耐磨层的制备工艺;第 6 章介绍变色微流控系统应用,包括微流控太阳镜、微流控变色伪装和微流控滤光镜头。

本书可帮助读者了解和学习变色微流控技术基础理论,并熟悉变色微流控技术在交叉学科领域的研究和应用方向,也可作为微机电系统工程专业研究生或微流控系统的研究人员的参考用书。

本书得到 2022 年中央高校基本科研业务经费(050201030601)和哈尔滨工业大学机电学院的支持,在此深表谢意。

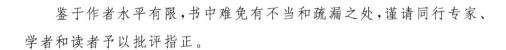

　　鉴于作者水平有限,书中难免有不当和疏漏之处,谨请同行专家、学者和读者予以批评指正。

作　者

2023 年 9 月

目　　录

第1章 变色微流控技术概述

传统的自动变色方式主要采用固体光致变色材料，通过不同光强条件下材料呈现不同的分子或电子结构状态来实现变色功能，其可控性和可逆性较差，且寿命不高。近年来，微流控技术在生物检测、化学分析、医疗诊断等多个领域得到了广泛的研究和发展，微流控和光学领域的结合也是其中一个重要的研究方向。新型微流控变色系统可控性高、可逆性良好，在光学领域具有广阔的应用前景。

1.1 常规变色技术

1.1.1 感光变色

传统的自动变色方式主要通过固体感光变色材料分子结构的变化来实现变色功能，并广泛应用于变色太阳镜的制作，因此，用这种变色方式制作的镜片称为感光变色镜片，如图 1-1 所示。这些感光变色镜片主要使用含卤化银微晶体的光学玻璃制作，根据光色互变可逆反应原理，在日光和紫外线照射下可迅速变暗，完全吸收紫外线，对可见光呈中性吸收；回到暗处，能快速恢复无色透明。由于加入的卤化银和氧化铜已经与光学玻璃融为一体，所以变色眼镜能够反复变色，长期使用。变色镜片主要用于露天野外、雪地、室内强光源工作场所，防止阳光、紫外光、眩辉光对眼睛的伤害。

图 1-1 感光变色镜片

1.1.2　光电变色

近年来,流体变色技术也是变色领域一个重要研究方向,其中应用最为广泛的是液晶变色[1-2]。液晶是一种有机化合物,又称液态晶体,它既具有液体的流动性,又呈现某些晶体的光学性质,如光学各向异性、双折射等,在电场和温度的作用下,能产生某些特殊的电光和热光效应,普遍应用于各种数字显示设备中。液晶变色的基本原理如图 1-2 所示,在两层玻璃基板中间夹着一层液晶,当通电导通时,液晶排列变得有秩序,使光线容易通过,此时称为开态;当关闭电源时,液晶排列变得混乱无序,阻止光线通过,此时称为关态。因此,通过改变电源信号可以实现各类数字显示设备中光线的控制。

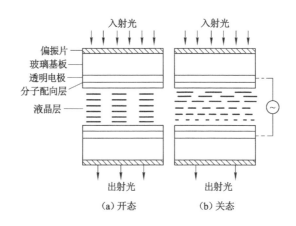

图 1-2　液晶变色的基本原理

日本 JFS 公司研制出液晶变色太阳镜,在两块玻璃镜片中间装入液晶材料,镜架上安装有光敏元件和锂电池,光敏元件可以根据太阳光的强弱发出不同的信号,控制锂电池对液晶场施加不同的电压,从而使镜片颜色产生深浅变化,不同程度地过滤太阳光,这种太阳镜具有变色快、激发元件传递稳定性好等优点。后来该装置经过改进,推出了变色速度更快的新型液晶变色太阳镜[3]。但是,液晶变色需要在匹配电路的驱动下才能工作,电流必须是交流方波式,其直流分量不应大于 100 mV,平均电流值应为 0,否则会加速液晶的分解,使之失效。液晶驱动电路原理如图 1-3 所示。

美国休斯敦大学的研究人员模仿头足类生物的伪装机理,基于液晶材料研究制作了一种自适应光电伪装系统[4],如图 1-4 所示。图 1-4(a)为单个伪装单元结构图,从上到下依次包括变色单元(类似于生物体的色素细胞)、白色反射面(类似于生物体的白色体)、驱动器(类似于生物体中控制色素变化的肌肉组织)、

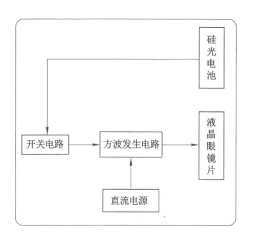

图 1-3　液晶驱动电路原理

PDMS(聚二甲基硅氧烷)、光电探测器(类似于生物体中的视蛋白)。图 1-4(b)为各层结构组织,图 1-4(c)为 16×16 个上述伪装单元构成的伪装矩阵,图 1-4(d)为根据背景环境实现伪装后的图片。该系统利用光电元件代替生物体中相应的结构组织,实现了不同背景环境下的自适应伪装功能,但系统结构复杂,制作烦琐,成本高,不便于在更多领域进行推广和应用。

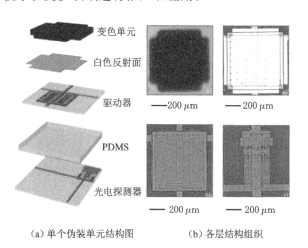

(a)单个伪装单元结构图　　　　　(b)各层结构组织

图 1-4　自适应光电伪装系统

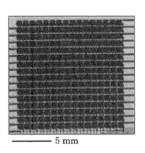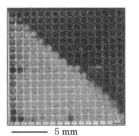

(c) 16×16伪装矩阵　　　　　　(d) 伪装效果

图 1-4(续)

1.2　微流控技术

1.2.1　微流控技术概述

　　微流控技术就是在微米尺度空间对流体进行操控,把生物、化学、医学分析过程的样品制备、反应、分离、检测等基本操作单元集成到一块微米尺度的芯片上,自动完成分析全过程。运用微流控技术制作的微流控系统通常称为微流控芯片,如图 1-5 所示。

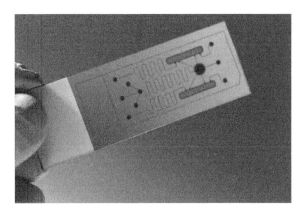

图 1-5　一种微流控芯片

　　1990 年,Manz 等在芯片上实现了电泳分离,并首次提出微型全分析系统(miniaturized total analysis system)的概念,开启了微流控芯片技术的研究热潮。1994 年,在 Manz 等的研究基础上,Ramsy 等改进了芯片毛细管电泳进样方法,提高了其性能,同年,首届 μ-TAS 会议在荷兰召开。1998 年,Whiteside 等提出用 PDMS 制作芯片的快速模板复制法。1999 年,HP 和 Caliper 公司联合推出首台微流控芯片商品化仪器,最早应用于生物分析和临床分析领域[5]。

进入 21 世纪,微流控技术有了更加突飞猛进的发展,芯片集成化程度越来越高,集成规模越来越大,图 1-6 是一种高度集成的微流控芯片。2001 年,RSC (英国皇家化学学会)杂志社创办了 *Lab on a Chip* 期刊,引领世界范围微流控芯片的研究。2003 年,*Forbes* 杂志将微流控技术评为影响人类未来 15 件最重要的发明之一。

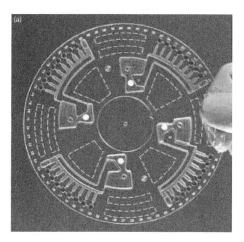

图 1-6　一种高度集成微流控芯片

经过近 30 年的发展,微流控技术已经在医疗诊断、食品安全、环境检测、航空航天等领域有了全面的发展,极大地推动了现代科技的进步,如图 1-7 所示。例如,微生物检测、有毒物质残留等微流控检测技术在环境检测和食品安全方面具有广阔的应用前景。器官芯片、癌细胞的捕获等微流控体外诊断的研究未来有望在器官移植、用药指导、疗效评估方面发挥重要作用。

与传统技术相比,微流控设备具有以下五个优势。

(1)集成小型化与自动化

微流控技术能够把样本检测整个过程集中在几厘米的芯片上,通过液体流道的设计、微型阀门的安置、液体腔体的设计等模块的集成,综合完成检测的操作过程,最终使整个检测实现微型化。

(2)高通量

微流控芯片通过设计可以呈现多流道的形式,通过微流道网络可以将待检测样本分流到多个反应单位,由于反应单元之间相互隔离、互不干扰,因此可以

图 1-7　微流控技术的应用领域

根据需要对单个样本同时进行多项检测,与常规检测相比,显著缩短了检测的时间,提高了检测效率,实现检测的高通量化。

（3）样本量需求少

在微流控芯片上检测所需要被检测的样本量体积往往只需要微升甚至纳升级别。同时由于其高通量的特点,对一次采集的样本就可以实现多项测试,因此对于不易获取的样本检测更加具有优势。

（4）检测试剂消耗少

由于微流控芯片的小型化特点,其内部的反应单元腔体同样非常小,使得整个反应体系总体积非常小,与传统检测体系相比,大大降低了试剂的消耗量。

（5）污染少

由于微流控芯片的集成功能,所有需要在实验室手动完成的操作都集成到芯片中,自动完成。这将人工操作过程中样品对环境的污染降低到最低程度。

1.2.2　微流控系统的流体驱动

在微流控系统中,流体的驱动是必不可少的,起着传输液体和分配液流的作用。目前,各国研究人员已经研究出不同原理的微泵用于实现微流体的驱动和控制,根据其结构的不同,主要可以分为机械式驱动和非机械式驱动。

1.2.2.1　机械式驱动

机械式微泵的基本原理是通过某些活动部件,将机械能传递给泵腔内的液体,实现液体的驱动。近年来,机械式微泵研究较多的有压电微泵驱动[6-7]、静电微泵驱动[8]、无阀电磁微泵驱动[9-12]等。

1. 静电微泵驱动

Kim 等制作了具有四个电极的静电驱动式微泵[13]，如图 1-8 所示，其主要结构包括一个液体腔、双层电极结构和顺序开关电路。上层的四个电极接正极，下层的电极薄膜接负极，按顺序施加四相电流信号，下层电极薄膜根据施加的电流信号可以产生上下运动，挤压流道，实现液体的蠕动。四电极式结构与单电极式结构相比，液体泵送速度更快，且能耗较低。

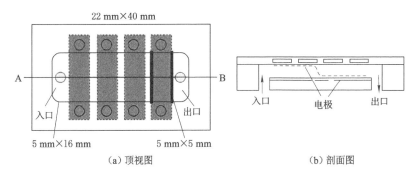

图 1-8　四电极静电驱动式微泵

2. 压电微泵驱动

浙江大学的张中华等基于 MEMS（微机电系统）技术设计并制作了一种具有双压电晶片传感器的压电驱动式微泵[14]，如图 1-9 所示，其主要结构包括泵腔、入口和出口检测阀、双压电晶片等，其中，双压电晶片传感器主要由上下两层压电陶瓷（piezoelectric ceramics，PZT）基层和中间金属层构成。当对双压电晶片施加交变信号时，双压电晶片在电场的作用下产生周期性的弯曲变形，从而使泵腔体积产生周期性的变化。当双压电晶片向上移动变形时，泵腔体积减小，腔内液体压力增大，使出口阀门打开，同时入口阀门关闭，液体从泵腔内泵出；当双压电晶片向下移动变形时，泵腔体积增大，腔内液体压力减小，使入口阀门打开，同时出口阀门关闭，液体泵入泵腔，由此实现了液体的单向泵送。研究表明，该系统具有较好的自检测功能，且输出性能良好。

3. 无阀电磁微泵驱动

瑞士的 Yamahata 等研制了一种基于聚甲基丙烯酸甲酯（PMMA）的无阀电磁驱动式微泵[15]，其结构原理如图 1-10 所示。该泵由两个扩散元件和一个 PDMS 膜组成，泵的膜上有由钕铁硼（NdFeB）磁粉制成的集成复合磁体，大行程膜片偏转（200 lm）是通过电磁体的外部驱动获得的，研究结果表明可以达到 400 L/min 的流量和高达 12 Mbar 的背压泵送，非常好地实现了微泵对于微流量的控制，但是集成复合磁体附于膜上的工艺存在一定复杂性。

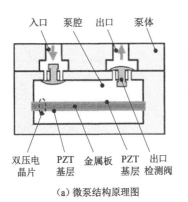

（a）微泵结构原理图　　　　　　　　（b）微泵实物图

图 1-9　双压电晶片驱动式微泵

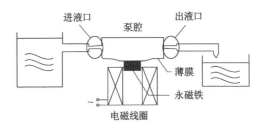

图 1-10　无阀电磁驱动式微泵

1.2.2.2　非机械式驱动

非机械式微泵与机械式微泵的主要区别是系统无活动部件，目前研究成果主要包括电渗微泵驱动、热气泡微泵驱动和磁流体微泵驱动等。

1. 电渗微泵驱动

德国的 Stefan 等制作了电渗驱动式微泵[16]，如图 1-11 所示，它利用电解质溶液在外加电场作用下产生的电渗现象来实现液体的驱动。该系统中与电解液接触的流道壁上有不动的表面电荷，这些表面电荷来自溶液离子化或液体中被吸附在表面的电荷，在这些表面电荷的静电吸附和分子扩散的作用下，流道的内壁表面则会形成双电荷层，当流道两端施加垂直电场时，电荷就会在电场作用下产生定向移动，同时由于流道内液体具有一定黏度，移动的电荷就会带动其周围的液体产生定向流动，形成电渗流，从而实现液体的驱动。

2. 热气泡微泵驱动

图 1-12 是一种基于热胀冷缩原理研究并制作的热气泡驱动式微泵[17]，主要结构包括金属基底、线圈、金属加热板和 PDMS 盖板。当线圈内通入一定频

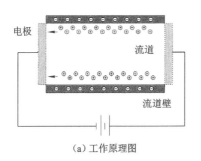

（a）工作原理图   （b）试验图

图 1-11　电渗驱动式微泵

率的交变电流时,线圈周围产生变化的磁场,从而在金属加热板内部感应出涡电流,产生热效应。当加热板附近的液体被加热到一定温度时,液体内会产生气泡,由于泵腔入口和出口锥管角度不同,随着气泡体积的增大,会产生定向的流量输出。关闭电源后,液体温度降低,气泡体积减小,则会产生反方向的液体输送。

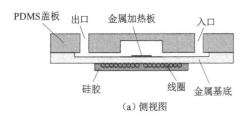
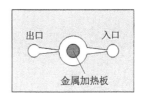

（a）侧视图   （b）顶视图

图 1-12　热气泡驱动式微泵

3. 磁流体微泵驱动

Ashouri 等设计了一种圆形泵腔旋转磁流体驱动式微泵[18],如图 1-13 所示。微泵由泵腔、磁流体、球阀、静止永磁铁、旋转永磁铁、进液口和出液口等组成。泵腔内放有磁流体,并由外部旋转的永磁铁驱动,磁流体可作为一个分离塞将微泵进液口和出液口分离。当旋转永磁铁不断旋转时,出液口侧的泵腔不断被挤压,压强上升,液体从出液口排出;进液口侧的泵腔,压强下降,液体从进液口流入。在出液口处设有单向球阀,有效地防止液体回流。

磁流体驱动式微泵通过外部磁场控制磁流体在泵腔中运动,运动控制灵活,泵送过程简单,泵腔内部没有机械形变,不会影响微泵的使用寿命,可以进行长时间的泵送,是一种较新的微流体驱动方式。

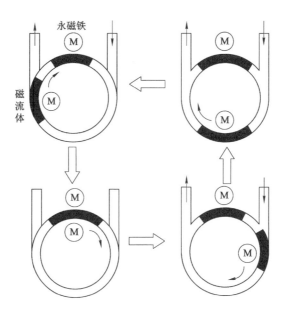

永磁铁

磁流体

图 1-13　磁流体驱动式微泵

1.3　变色微流控系统

变色微流控系统是微流控技术的一个重要应用,广泛应用于光学、仿生学及军事伪装等方面。目前,变色微流控系统的结构主要包括两种:容腔式结构和流道式结构。

1.3.1　容腔式变色微流控系统

1.3.1.1　单层容腔结构

图 1-14 为单层容腔变色微流控系统的基本结构,主要包括上层有色液体容腔和下层基底,二者通过一定的封接方式构成闭合变色容腔结构,有色液体容腔上留有有色液体入口和出口,通过控制有色液体在上层液体容腔内的循环流动实现变色功能。

单层容腔结构存在的主要问题是液体在吸出的过程中,容腔内容易进入气泡,导致液体断流,同时,在容腔内压力不均匀导致边缘处于流速较低,以及材料表面粗糙度等原因易产生液体的滞留,液体流动可靠性较低,变色效果较差。

1.3.1.2　双层容腔结构

图 1-15 为双层容腔变色微流控系统的基本结构,主要包括上层有色液体容

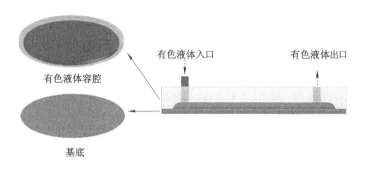

图 1-14　单层容腔变色微流控系统的基本结构

腔、下层无色气体容腔和两层容腔之间的 PDMS 弹性薄膜。当外界环境光线较强时,通过在下层气体容腔内吸出一定量的无色气体,则 PDMS 薄膜向气体容腔侧产生变形,液体容腔体积增加,压力降低,有色液体被吸入,使镜片完成变色,实现光强降低、视觉保护功能;反之,当外界环境光线较弱时,在下层气体容腔内充入一定量的无色气体,PDMS 弹性薄膜在气体压力的作用下向上层有色液体容腔侧产生变形,有色液体容腔体积减小,压力升高,有色液体被排出,镜片恢复原色。

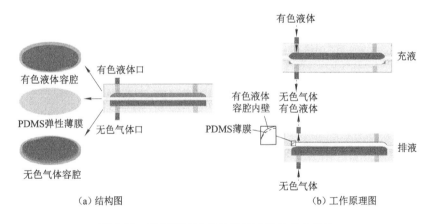

图 1-15　双层容腔变色微流控系统的基本结构

在充液和排液过程中,PDMS 薄膜变形后的表面形状为弧形,因此,为了实现有色液体的完全排出,使镜片完全恢复原色,有色液体容腔内壁拐角处采用弧形设计结构,以增加变形后 PDMS 薄膜与有色液体容腔内壁的接触度,减少容腔内液体的滞留。

与传统单层容腔式结构相比,双层容腔式镜片结构可以有效降低液体容腔内压力的不均匀性,减少气泡的产生和容腔内液体的滞留,提高液体循环流动的可靠性,改善微流控变色效果。

1.3.2 流道式变色微流控系统

与容腔式结构不同,图1-16为流道式结构,主要包括基底镜片、有微流道结构的PDMS变色薄膜和微流道。目前,市场上制作光学产品的常用材料为碳苯酸丙烯乙酸(CR-39)光学树脂,因此基底镜片采用CR-39光学树脂镜片,以PDMS为主要材料,利用软刻蚀技术制作具有微流道结构的变色薄膜,通过表面氧化与化学接枝组合不可逆封接方法将PDMS变色薄膜与基底镜片封接在一起,构成具有闭合微流道结构的微流控变色镜片。

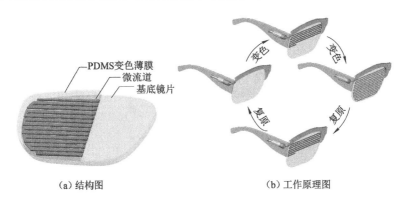

PDMS变色薄膜
微流道
基底镜片

变色   变色

复原   复原

(a)结构图   （b)工作原理图

图1-16　流道式结构

当外界环境光线较强时,通过调节微流体驱动器将有色液体充入镜片的微流道内,使镜片完成变色,实现降低光强、保护视力的功能;当外界环境光线较弱时,反方向调节微流体驱动器将有色液体从微流道内吸出,使镜片恢复原色。因此,使用者可根据需求控制有色液体在微流道内的循环流动,实现镜片的变色和视觉保护功能。

流道式变色镜片可根据需要实现单层或多层复合变色功能,如图1-17所示。多层结构镜片的制作方法与单层相似,通过表面氧化与化学接枝组合不可逆封接方法在基底表面叠加封接两层或两层以上的PDMS变色薄膜,在不同充液层内充入不同颜色或不同功能的液体,实现多种颜色的叠加或渐变效果,增强视觉保护功能。

流道式结构中,PDMS变色薄膜内微流道的形状和尺寸可根据使用者需求进行个性化的设计,如图1-18所示,不同形状和结构的微流道均可以利用软刻蚀技术实现快速成型。实际应用中,为了便于制作,微流道的截面形状均采用矩

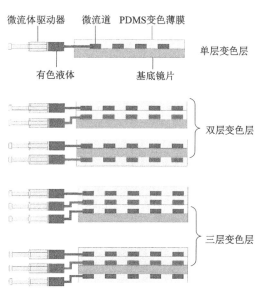

图 1-17　复合变色结构

形结构,其结构参数主要包括流道宽度 w、流道深度 h 和流道间隔 g,不同的流道结构会使镜片产生不同的变色效果,发挥不同的视觉保护功能,同时也会影响人眼系统的成像质量等。

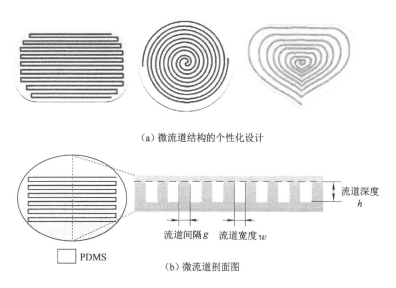

(a)微流道结构的个性化设计

(b)微流道剖面图

图 1-18　微流道个性化设计

第2章　变色微流控系统液体流动

2.1　液体重力作用

　　微流控变色薄膜的制作选择以高分子聚合物 PDMS 为主要材料,原因是:PDMS 是一种高分子有机硅化合物,液态时为黏稠液体,固化后的 PDMS 薄膜无色、无味、无毒、不易碎且具有很高的光学透光率,满足光学性能要求,且便于利用软刻蚀技术实现各种微结构的快速成型。但固态 PDMS 弹性较大,当充液层内充满液体并处于竖直状态时,液体的重力作用会使 PDMS 薄膜表面产生变形,从而导致系统光学特性的改变,如图 2-1 所示。

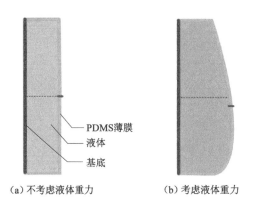

（a）不考虑液体重力　　　（b）考虑液体重力

图 2-1　液体重力对 PDMS 薄膜的影响

　　PDMS 薄膜变形量的大小与薄膜自身的机械特性相关,薄膜的制作是通过将液态的 PDMS 预聚物与硅烷固化剂以一定比例均匀混合并加热固化来完成的,不同的混合比例和加热条件下所制作的 PDMS 薄膜特性均有所不同。当二者的混合比例为 6∶1,加热温度为 100 ℃,加热时间为 60 min 时,制作完成后 PDMS 薄膜的弹性模量为 650 kPa,泊松比为 0.5。利用 ANSYS 有限元分析软件分别对容腔式和流道式微流控变色镜片进行液体重力加载仿真分析,其中,

PDMS 薄膜采用 Neo-Hookean 各向同性超弹性本构模型和 Solid187 超弹性单元类型。

图 2-2 为液体重力作用下容腔式变色镜片中 PDMS 薄膜变形仿真分析和试验测试结果,所采用液体容腔参数为:容腔半径 $R=20$ mm,容腔深度 $H=500$ μm,PDMS 薄膜厚度 $T=1$ mm。图 2-2(a)为 ANSYS 有限元仿真所得的 PDMS 薄膜变形云图(与薄膜表面垂直方向),由图可知,当 $R=20$ mm 时,仿真所得 PDMS 薄膜变形的最大挠度 $\delta_{\max}=1.38$ μm。图 2-2(b)为改变液体容腔半径 R,其他参数不变时,PDMS 薄膜变形最大挠度 $\delta_{\max}$ 的仿真和试验结果。试验中,应首先找出镜片内液体腔的中心线并作黑色标注,将镜片沿标注线竖直固定在位移微调平台 LD60(深圳蓝标精密机械有限公司)上,沿竖直方向微调平台,并用激光位移传感器 LK-G5000(Keyence Corp.)测量标注线上各点的位移,从而获得 PDMS 薄膜变形的最大挠度。由图可知,薄膜变形的最大挠度 $\delta_{\max}$ 随着容腔半径 R 的增加而增大,当 $R=30$ mm 时,仿真所得最大挠度 $\delta_{\max}=3.01$ μm,试验结果为 4.06 μm,与仿真结果基本吻合。

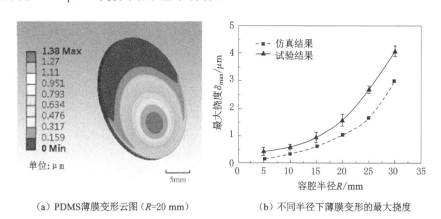

（a）PDMS薄膜变形云图（$R=20$ mm）　　　　（b）不同半径下薄膜变形的最大挠度

图 2-2　液体重力作用下容腔式变色镜片中 PDMS 薄膜变形

图 2-3 为液体重力作用下流道式变色镜片中 PDMS 薄膜变形仿真分析和试验测试结果,其中,PDMS 薄膜的制作过程、ANSYS 仿真中参数的设定、PDMS 薄膜的厚度均与容腔式镜片分析中相同,所采用的流道参数为:流道深度 $h=200$ μm,流道间隔 $g=500$ μm。图 2-3(a)为 ANSYS 有限元仿真所得 PDMS 薄膜变形云图(与薄膜表面垂直方向),由图可知,当 $w=500$ μm 时,仿真所得 PDMS 薄膜变形的最大挠度 $\delta_{\max}=0.013$ 8 μm。图 2-3(b)为改变流道宽度 w,其他参数不变时,PDMS 薄膜变形最大挠度 $\delta_{\max}$ 的仿真和试验结果。试验中,首先选定被测流道并绘制一条与流道方向垂直的黑色标注线,将镜片沿标注线竖

直固定在位移微调平台上,用激光位移传感器测量标注线上各点的位移,并由此得到 PDMS 薄膜变形的最大挠度。由图可知,薄膜变形的最大挠度 $\delta_{\max}$ 随着流道宽度 w 的增加而增大,当 $w=2\,000\ \mu m$ 时,仿真所得最大挠度 $\delta_{\max}=0.042\ \mu m$,试验结果为 $0.054\ \mu m$,与仿真结果基本吻合。研究结果也表明,该结构中 PDMS 薄膜的变形量较小,可以忽略。

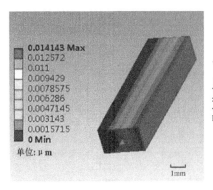

(a)PDMS薄膜变形云图($w=500\ \mu m$)

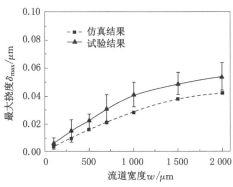

(b)不同流道宽度下薄膜变形的最大挠度

图 2-3　液体重力作用下流道式变色镜片的 PDMS 薄膜变形

由图 2-2 和图 2-3 可知,PDMS 薄膜变形量的试验结果和仿真结果之间存在一定的误差,主要原因是:试验中所制作的 PDMS 薄膜的特性参数和仿真设定值之间存在一定的差异;实际试验条件下,由于环境干扰等因素导致激光位移传感器的测量产生一定的误差。

综上可以得出,与容腔式结构相比,流道式变色结构可以大大减小液体重力作用下 PDMS 薄膜的变形量,改善系统的光学性能。同时,微米尺度范围内的微流道具有极大的面积体积比,这种特殊的表面现象使得微流体分子之间的作用力大大增加,能够有效抑制气泡的产生,提高流道式变色镜片中液体循环流动的可靠性。

2.2　矩形截面微流道内液体流动阻力

2.2.1　微流道内液体流动阻力数学模型

利用软刻蚀技术制作微流道的截面形状多为矩形,液体在微流道内的流动可视为层流。根据流体力学,微流道内液体流动的雷诺数 Re 可以表示为:

$$Re = \frac{\rho \bar{v} d_l}{\mu} \qquad (2\text{-}1)$$

式中　$\bar{v}$——微流道内液体平均流速，m/s；

ρ——液体密度，kg/m^3；

d_l——微流道当量直径，m；

μ——液体动力黏度，Pa·s。

根据水力直径的定义，矩形截面微流道的当量直径 d_l 可以表示为：

$$d_l = \frac{2wh}{w+h} \qquad (2\text{-}2)$$

式中　w——微流道宽度，m；

h——微流道深度，m。

矩形截面微流道内液体的流动特性可以表示为：

$$Q = \frac{wh^3 \Delta p}{12\mu l} \left[1 - \sum_{n,\text{odd}}^{\infty} \frac{1}{n^5} \frac{192h}{\pi^5 w} \tan h \left(n\pi \frac{w}{2h} \right) \right] \qquad (2\text{-}3)$$

式中　Q——微流道内液体的体积流量，m^3/s；

Δp——微流道两端压差，Pa；

l——微流道长度，m。

根据微小尺寸下液体的流动特性[19]，当微流道为扁平流道，即流道深度 h 小于流道宽度 w 时，式(2-3)可以简化为：

$$Q = \frac{wh^3 \left(1 - 0.63 \dfrac{h}{w} \right) \Delta p}{12\mu l}, h < w \qquad (2\text{-}4)$$

根据式(2-1)～式(2-4)以及伯努利方程，矩形截面微流道内液体层流的流动损失可以用压差形式表示为：

$$\Delta p = f \frac{3w\rho l \bar{v}^2}{8h(w+h)\left(1 - 0.63 \dfrac{h}{w}\right)} \qquad (2\text{-}5)$$

式中　f——矩形截面微流道内液体层流的阻力系数。

微流道内液体的平均流速 $\bar{v}$ 可以表示为：

$$\bar{v} = \frac{Q_m}{\rho wh} \qquad (2\text{-}6)$$

式中　Q_m——微流道内液体的质量流量，kg/s。

由式(2-1)、式(2-2)和式(2-6)可得矩形截面微流道内液体流动的雷诺数 Re 与流道结构参数之间的关系式为：

$$Re = \frac{2Q_m}{\mu(w+h)} \tag{2-7}$$

将式(2-6)代入式(2-5)可得：

$$\Delta p = f \frac{3lQ_m^2}{8\rho w h^3(w+h)\left(1-0.63\dfrac{h}{w}\right)} \tag{2-8}$$

由式(2-7)和式(2-8)可得，矩形截面微流道内液体层流的泊松数 Po 可以表示为：

$$Po = f \cdot Re = \frac{16\rho w h^3\left(1-0.63\dfrac{h}{w}\right)\Delta p}{3\mu lQ_m} \tag{2-9}$$

常规圆管充分发展段液体层流的阻力系数 f_0 可以表示为：

$$f_0 = \frac{64}{Re} \tag{2-10}$$

与常规圆管相比，常规矩形截面微流道内液体的流动特性受截面宽深比的影响较大，其流道内充分发展段液体层流的阻力系数 f 与常规圆管的阻力系数 f_0 之间的关系可以表示为：

$$f = f_0 F \tag{2-11}$$

式中　F——阻力系数修正因子。

式(2-11)中，阻力系数修正因子 F 可以表示为[20]：

$$F = \frac{3}{2}(1-1.355\,3/\alpha+1.946\,7/\alpha^2-1.701\,2/\alpha^3+0.956\,4/\alpha^4-0.253\,7/\alpha^5) \tag{2-12}$$

式中　α——矩形截面微流道的宽深比，$\alpha=w/h$，$0<1/\alpha<1$。

则由式(2-10)~式(2-12)可得：

$$f = \frac{96}{Re}(1-1.355\,3/\alpha+1.946\,7/\alpha^2-1.701\,2/\alpha^3+0.956\,4/\alpha^4-0.253\,7/\alpha^5) \tag{2-13}$$

2.2.2　微流道内液体流动阻力试验测试

为了分析微流道结构参数对流道内液体流动阻力特性的影响，分别设计并制作了不同结构的微流道样本，见表 2-1。通过液体流动阻力特性计算和试验研究，分析流道截面宽深比 α、流道当量直径 d_l 及流道长径比 l/d_l 对液体流动阻力特性的影响，试验中，流道顶膜厚度均为 5 mm，忽略流道变形的影响。

表 2-1　矩形截面微流道阻力特性研究样本

序号	结构参量					
	流道宽度 $w/\mu m$	流道深度 $h/\mu m$	宽深比 α	当量直径 $d_l/\mu m$	流道长度 l/mm	长径比 l/d_l
1	400	100	4	160.00	50	312
2	600	100	6	171.43	55	320
3	800	100	8	177.78	60	337
4	1 000	100	10	181.82	60	330
5	1 200	100	12	184.62	60	325
6	600	150	4	240.00	75	312
7	800	200	4	320.86	100	312
8	400	100	4	160.00	40	256
9	400	100	4	160.00	30	187
10	400	100	4	160.00	20	125
11	400	100	4	160.00	15	94
12	400	100	4	160.00	10	63
13	400	100	4	160.00	5	31

　　图 2-4 所示为微流道内液体流动阻力特性试验测试系统,利用微型压力传感器(Honeywell Corp.)测量流道入口和出口处的液体压力,通过精密电子秤和秒表测量液体流动的质量流量,试验中主要测试了雷诺数 $Re<1\,000$ 时液体流动的阻力特性。

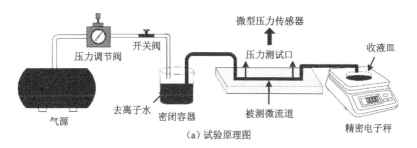

(a)试验原理图

图 2-4　微流道内液体流动阻力特性试验测试系统

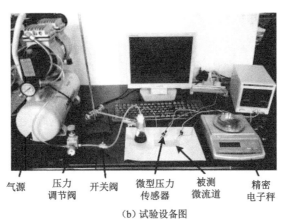

气源　压力　开关阀　微型压力　被测　精密
　　调节阀　　　传感器　微流道　电子秤

（b）试验设备图

图 2-4（续）

2.2.2.1 不同截面宽深比 α 的阻力系数

图 2-5 所示为当量直径 d_l 和长径比 l/d_l 一定时,不同截面宽深比 α 下微流道内液体流动的阻力系数(表 2-1 中序号 1～4)。由图可知:当 $\alpha=4,Re=349$ 时,根据式(2-10)和式(2-13)计算所得的阻力系数 f 分别为 0.183 和 0.209,试验测试结果为 0.225;当 $\alpha=12,Re=491$ 时,根据式(2-10)式(2-13)计算所得的阻力系数 f 分别为 0.130 和 0.175,试验测试结果为 0.205。由此可得,试验结果和式(2-13)的计算结果基本吻合,表明矩形微流道内的流动特性也符合传统宏观理论的预测。同时表明,式(2-10)和式(2-13)的计算结果之间存在一定的偏差,且随着流道截面宽深比 α 的增大,其偏差也逐渐增加,表明利用传统当量圆管的概念来计算矩形截面微流道内液体流动的阻力特性已不能满足要求,必须考虑截面宽深比的影响。

为了直观分析不同宽深比 α 对液体阻力特性的影响,将图 2-5 中的试验结果绘制于同一坐标系中,如图 2-6 所示。由图 2-6(a)可知,当流道深度一定时,流道的宽深比 α 越小,流道的阻力系数 f 越小,液体的流动性能越好,同时,液体的阻力系数 f 随着雷诺数 Re 的增大而逐渐减小。图 2-6(b)所示为不同流道宽深比 α 对液体流动泊松数 Po 的影响,由图可知,液体流动的泊松数 Po 随着雷诺数 Re 和流道宽深比 α 的增大而逐渐增大。

2.2.2.2 不同当量直径 d_l 的阻力系数

图 2-7 为流道宽深比 $\alpha=4$,长径比 $l/d_l=312$ 时,不同当量直径 d_l 下液体阻力系数的试验结果(表 2-1 中序号 1,6,7)。由图可知,当宽深比 α 相同而当量

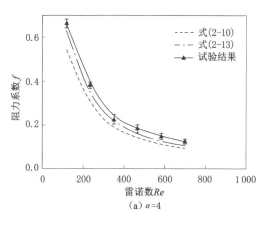

（a）$\alpha=4$

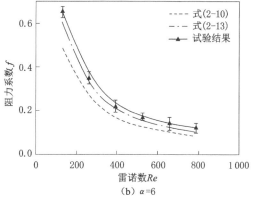

（b）$\alpha=6$

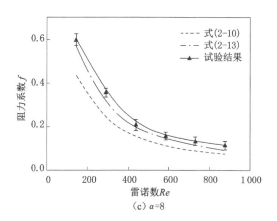

（c）$\alpha=8$

图 2-5　不同宽深比下微流道内液体流动的阻力系数

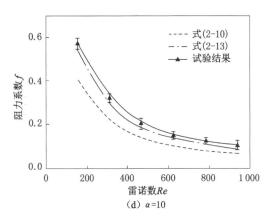

（d）α=10

图 2-5（续）

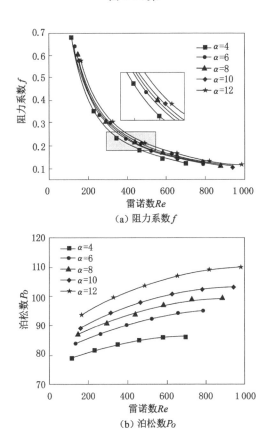

（a）阻力系数 f

（b）泊松数 P_o

图 2-6　不同宽深比下微流道内液体流动的阻力特性

直径 d_l 不相等时，当量直径 d_l 越小，流道阻力系数 f 越大。当宽深比 α 一定时，液体流动的泊松数 Po 随着当量直径 d_l 的增大而逐渐减小，与常规矩形流道恒定的泊松数 $Po=72.9(\alpha=4)$ 相比，微流道内泊松数 Po 的变化范围为常规矩形流道的 $6\%\sim40\%$。因此，微流道的流动特性受流道当量直径变化的影响较大。

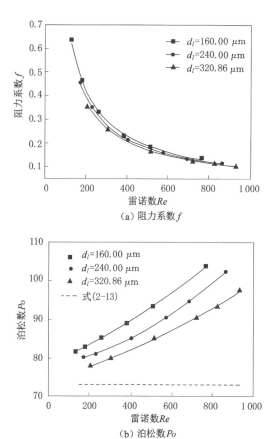

图 2-7　不同当量直径下微流道内液体流动的阻力特性

2.2.2.3　不同长径比 l/d_l 的阻力系数

图 2-8 为流道截面宽深比 $\alpha=4$，当量直径 $d_l=160\ \mu m$，雷诺数 $Re=512$ 时，不同长径比 l/d_l 下液体流动阻力系数的试验结果（表 2-1 中序号 8~13）。由图可知，与常规矩形流道恒定的阻力系数 $f=0.143(\alpha=4,Re=512)$ 相比，微流道内的阻力系数 f 随流道长径比 l/d_l 的变化而变化，当 $l/d_l<93$ 时，液体流动阻力

系数 f 变化显著,当 $l/d_l>93$ 时,f 逐渐趋于式(2-13)的恒定值,此时微流道内液体流动的入口效应可以忽略。因此实际系统中,为了消除流道入口效应,微流道的长径比均应满足 $l/d_l>93$。

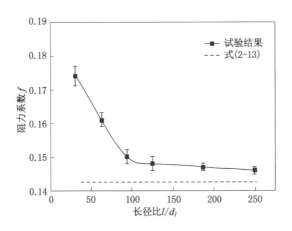

图 2-8 不同长径比下微流道内液体流动阻力系数

2.2.2.4 流量测试

表 2-2 为不同微流控变色薄膜样本结构,微流道顶膜厚度均为 5 mm,忽略流道变形的影响。采用图 2-4 中液体流量测试方法,分别分析和测试液体流动阻力不同时,变色薄膜微流道内液体的流量特性,如图 2-9 所示。由图 2-9 可知,当流道两端压差为 30 kPa 时,试验测得样本 1、样本 2 和样本 3 流道内液体流量分别为 1.27 μL/s、0.63 μL/s 和 0.42 μL/s,因此,随着流道内液体流动阻力的增大,液体流量逐渐减小。

表 2-2 不同结构微流道内液体流量测试样本

编号	结构参量			
	流道宽度 $w/\mu m$	流道深度 $h/\mu m$	流道间隔 $g/\mu m$	流道长度 l/mm
1	700	100	1 000	390
2	500	100	500	630
3	500	100	200	865

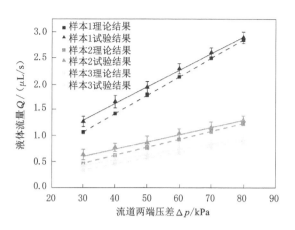

图 2-9　流动阻力不同时微流道内液体流量测试

2.2.3　PDMS 流道变形下液体流动

2.2.3.1　PDMS 流道变形模型

在液体压力作用下,PDMS 流道在液体循环流动过程中会产生一定量的变形,这个变形会对流道内液体流动产生影响。

由式(2-4)可得,非弹性矩形微流道内,与液流平行方向液体压力的变化可以用式(2-14)表示,因此,压力的变化与流量之间为线性关系。

$$-\frac{\partial p(z)}{\partial z} = \frac{12\mu}{h^3 w\left(1 - 0.630\,\dfrac{h}{w}\right)}Q \tag{2-14}$$

式中　z——液流平行方向距离流道入口的距离,m;

　　　$p(z)$——z 点的液体压力,Pa。

充液或吸液过程中,PDMS 弹性流道在液体压力作用下产生变形,微流道结构大多为扁平流道,即满足 $h < w$,流道变形主要为流道深度方向的变形,即 h 的变化,忽略宽度 w 的变化,如图 2-10 所示。在液体压力作用下,流道顶膜向上变形为弧形,导致流道深度 h 变化,流道入口处 h 的变化最大,且随着与入口之间距离的增加,流道变形逐渐减小。

在图 2-10 中,距离流道入口 z 点处流道的深度 $h(z)$ 可以表示为:

$$h(z) = h_0\big[1 + c_z p(z)\big] \tag{2-15}$$

式中　$h(z)$——z 点的流道深度,m;

　　　c_z——流道变形系数,与流道结构和 PDMS 薄膜弹性模量有关。

由式(2-14)和式(2-15)可得,PDMS 产生弹性变形后,流道内与液流平行方

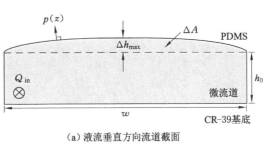

(a) 液流垂直方向流道截面

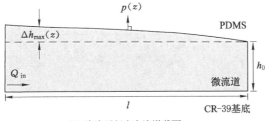

(b) 液流平行方向流道截面

图 2-10　流道两端压差一定时 PDMS 流道变形示意图

向液体的压力变化可以用式（2-16）表示，因此，压力变化与流量之间为非线性关系。

$$-\frac{\partial p(z)}{\partial z} = \frac{12\mu}{h_0^3 w \left(1 - 0.630 \dfrac{h}{w}\right)} \left[1 + c_z p(z)\right]^{-3} Q \qquad (2\text{-}16)$$

2.2.3.2　PDMS 流道变形下液体流动特性试验测试

表 2-3 为不同微流控变色样本结构，流道长度为 42 cm，测试点距离流道入口以及各测试点之间的距离均为 7.5 cm，试验测试流道内距离入口不同距离处的液体压力，分析不同流道变形对液体压力特性的影响，图 2-11 为试验测试系统原理图。

表 2-3　PDMS 微流道变形液体流动特性测试样本

编号	结构参量				
	流道宽度 $w/\mu m$	流道深度 $h/\mu m$	宽深比 α	流道间隔 $g/\mu m$	流道顶膜厚度 th/mm
1	500	50	10	200	1.0
2	500	100	5	200	1.0
3	500	100	5	200	3.0

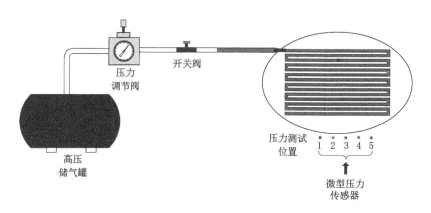

图 2-11   液体压力特性试验测试原理图

图 2-12 为不同试验条件下流道内液体压力特性试验测试结果,虚线为非弹性流道液体压力特性理论计算结果,散点为 PDMS 弹性流道液体压力试验测试结果。图中,当流道两端压差为 30 kPa 时,非弹性流道内测试位置 1、3 和 5 处的液体压力分别为 25.24 kPa、15.72 kPa 和 6.19 kPa,试验测得的 PDMS 弹性流道样本 1 在上述位置的压力值分别为 15.24 kPa、10.92 kPa 和 2.92 kPa,因此,在液体压力作用下,非弹性流道无变形,液体压降为线性关系,而弹性流道在压力作用下膨胀变形,流道内压降为非线性。同时由图可知,样本 2 在上述位置的液体压力分别为 17.80 kPa、12.32 kPa 和 4.05 kPa,样本 3 在上述位置的液体压力分别为 20.55 kPa、14.52 kPa 和 5.01 kPa。因此,对比样本 1($\alpha=10$)和样本 2($\alpha=5$)可知,随着流道 α 值的减小,流道变形逐渐减小,流道内液体压降的非线性度逐渐降低;对比样本 2($th=1$ mm)和样本 3($th=3$ mm)可知,随着流道顶膜厚度 th 值的增加,流道变形也逐渐减小,液体压降趋势逐渐趋近于非弹性流道的压降趋势。

2.2.3.3   响应时间测试

考虑到流道变形对变色响应时间的影响,测试了不同微流控变色样本完成变色的时间,微流控变色响应时间试验测试系统如图 2-13 所示,分别利用 IR1000 和 IRV1000(SMC Corp.)调节高压储气罐和真空罐内气体的出口压力,利用 40PC015G2A 和 40PC015V2A(Honeywell Corp.)测量变色镜片内微流道的入口压力和完成变色的响应时间,同一试验条件下分别重复试验 5 次,并计算平均变色响应时间。

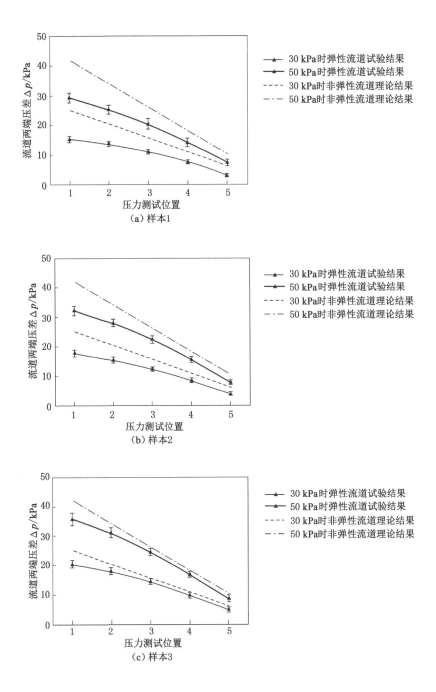

图 2-12　不同试验条件下流道内液体压力特性试验测试结果

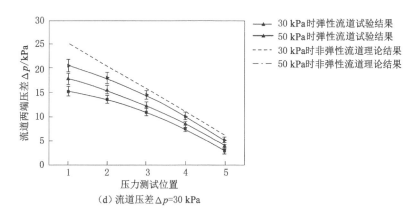

(d) 流道压差 Δp=30 kPa

图 2-12(续)

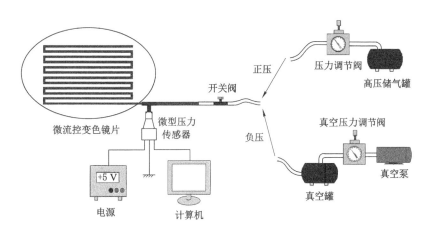

图 2-13 微流控变色响应时间试验测试系统

图 2-14 为流道两端压差不同时微流控变色响应时间试验测试结果。当流道两端压差为 30 kPa 时,样本 1 完成充液和吸液所需时间分别为 8.05 s 和 27.12 s,样本 2 所需时间分别为 35.21 s 和 71.65 s,样本 3 所需时间分别为 60.82 s 和 135.45 s;当流道两端压差增加到 80 kPa 时,样本 1 完成充液和吸液所需时间分别为 2.28 s 和 15.23 s,样本 2 所需时间分别为 10.52 s 和 28.70 s,样本 3 所需时间分别为 15.19 s 和 58.63 s。传统固体感光材料完成变色至少需要 2 min。因此,微流控变色具有较快的响应速度,且随着流道两端压差的增加,响应速度快速提高。

充液时间和吸液时间的试验测试结果均与理论计算结果之间存在一定的偏

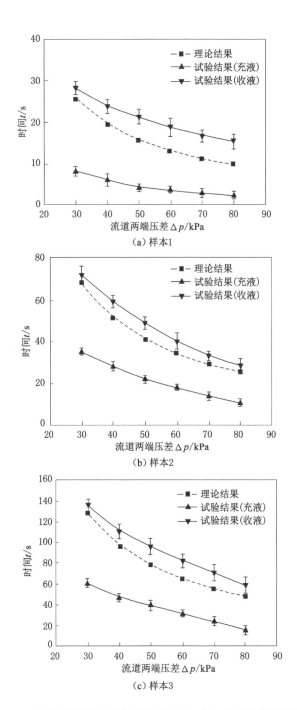

（a）样本1

（b）样本2

（c）样本3

图 2-14　流道两端压差不同时微流控变色响应时间试验测试结果

差,原因是:PDMS 是一种弹性高分子材料,充液过程中,在液体压力作用下,PDMS 流道会产生变形,流道截面积增加,使得液体流动阻力减小,从而导致完成充液时间低于理论计算时间;反之,吸液过程中,在真空压力作用下,PDMS 流道截面积缩小,流阻增加,导致恢复原色时间大于理论计算时间。

2.3 矩形截面微流道转角"自净"特性

微流道内液体在吸出过程中,由于受到离心力的作用会在流道转角处形成旋涡区和低速区,在这些位置容易产生液体滞留,影响整体变色效果。为了改善流道转角处的液体流动特性,基于有限体积法对不同结构的微流道进行了三维有限元数值仿真,所用软件为 ANSYS 15.0。微流道内液体表面张力对液体流动的作用效果主要表现为:当液体与流道内壁接触角大于 90°时,阻碍液体流动,导致流速减小;当接触角小于 90°时,促进液体流动,导致流速增大。仿真中,主要研究不同微流道结构对流道转角处液体滞留特性的影响,与液体流速的关系较小,因此仿真中忽略了液体表面张力的影响。

仿真中作如下假设:
(1) 常温;
(2) 定常流动;
(3) 黏性不可压缩流体;
(4) 忽略流体的质量力和表面张力;
(5) 不考虑流道表面粗糙度的影响;
(6) 流道内的流体流动均采用标准的层流模型;
(7) 近壁区采用壁面函数法处理,壁面速度为零。

2.3.1 流道转角半径优化仿真分析

图 2-15 所示为微流道数值仿真模型,分别在不同流道宽度 w、流道宽深比 α 和转角半径 r_1、r_2 条件下进行了数值分析,由于流道结构比较简单,因此有限元网格划分采用四面体网格,并对转角处进行了网格加密处理。

图 2-16 为液体流经矩形截面微流道转角处产生的低速滞留区,其中,入口压力为大气压,出口压力为 -40 kPa,转角半径 $r_1=r_2=0$,流道深度均为 100 μm。由图可知,在流道外转角和内转角处均存在一定的液流低速区,且外转角处液流产生了旋涡,最易产生液体的滞留,从而堵塞流道。对比图 2-16(a)和图 2-16(b)可知,随着流道宽深比 α 的增大,流道转角处液体低速滞留区面积逐渐增大,流道越来越容易堵塞,液体流动特性也越来越差。

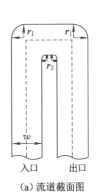 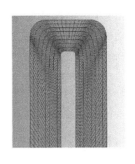

（a）流道截面图　　　　　　（b）网格划分

图 2-15　微流道数值仿真模型

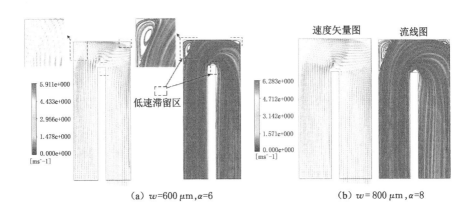

（a）$w=600~\mu m,\alpha=6$　　　　　（b）$w=800~\mu m,\alpha=8$

图 2-16　微流道转角处产生的低速滞留区

　　为了减少流道转角处液体的滞留，改善变色效果，对不同结构微流道进行了数值仿真研究，图 2-17 所示为不同转角半径下液体平均流速仿真计算，流道深度均为 $100~\mu m$。由图可知，液体的平均速度随着转角半径的增加呈先增加后减小的趋势。当流道宽度 $w=400~\mu m$ 时，转角半径分别为 $r_1=400~\mu m$、$r_2=100~\mu m$ 时液体平均速度最大，分别为 3.16 m/s 和 2.41 m/s；当流道宽度 $w=600~\mu m$ 时，转角半径分别为 $r_1=600~\mu m$、$r_2=65~\mu m$ 时液体平均速度最大，分别为 2.78 m/s 和 2.06 m/s。

　　图 2-18 所示为不同结构微流道的最优转角半径，由图可知：最优外转角半径 r_1 与流道的宽度 w 相等，随着 w 的增加而逐渐增大；最优内转角半径 r_2 与流道宽度 w 之间呈线性关系，随着 w 的增加而逐渐减小。

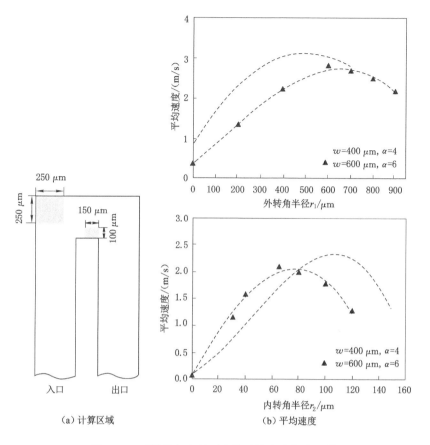

（a）计算区域   （b）平均速度

图 2-17　不同转角半径下液体平均流速仿真计算

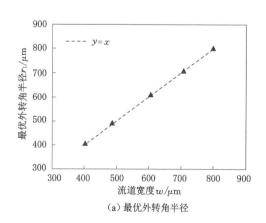

（a）最优外转角半径

图 2-18　不同结构微流道的最优转角半径

第 2 章　变色微流控系统液体流动

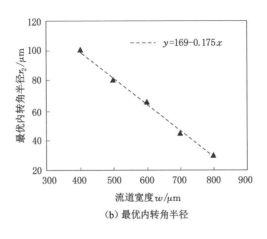

（b）最优内转角半径

图 2-18（续）

图 2-19 所示为转角参数优选前后部分微流道内液体流动特性仿真结果,由图可知,当采用图 2-18 中的最优转角半径后,不同结构微流道转角处液体低速滞留区的面积均显著减小,流道的"自冲刷"功能有效增强,降低了流道堵塞的可能性,提升了流道的"自净"能力。

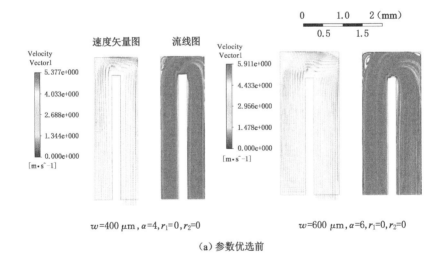

$w=400~\mu m,\alpha=4,r_1=0,r_2=0$ $w=600~\mu m,\alpha=6,r_1=0,r_2=0$

（a）参数优选前

图 2-19　不同结构微流道转角参数优选仿真结果

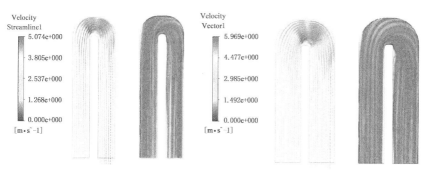

$w=400\ \mu m$, $\alpha=4$, $r_1=400\ \mu m$, $r_2=100\ \mu m$ $w=600\ \mu m$, $\alpha=6$, $r_1=600\ \mu m$, $r_2=60\ \mu m$

（b）参数优选后

图 2-19（续）

2.3.2　流道转角半径优化试验测试

图 2-20 和图 2-21 分别为不同结构微流道样本转角参数优选前后的试验观测结果。试验样本的流道深度均为 $100\ \mu m$，流道入口与大气相通，流道出口接 $-40\ kPa$ 的气源，观测设备为 XSP-63B 光学显微镜（上海光学仪器厂）。

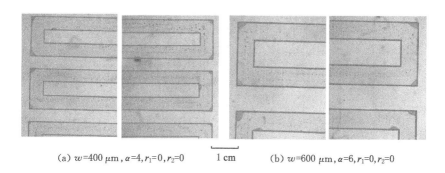

（a）$w=400\ \mu m$, $\alpha=4$, $r_1=0$, $r_2=0$　　|—— 1 cm ——|　　（b）$w=600\ \mu m$, $\alpha=6$, $r_1=0$, $r_2=0$

图 2-20　不同结构微流道样本转角参数优选前试验观测结果

由图 2-20 中的显微观测图可知，参数优选前，液体吸出过程中，在流道的转角处会产生较多的滞留液体，且与内转角处相比，外转角处产生的液体滞留面积较大。同时，对比图 2-20(a)和图 2-20(b)可得，随着流道宽深比 α 的增大，转角处液体滞留面积逐渐增大，与仿真结果相吻合。

由图 2-21 中的显微观测图可知，采用最优转角半径后，无论在流道的外转角或内转角处均无明显的液体滞留区，流道的抗堵塞性较好，"自净"能力有了明显的改善，验证了仿真结果的正确性。

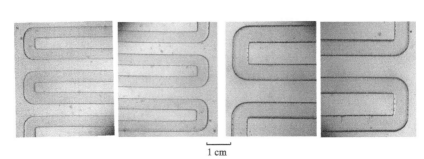

(a) w=400 μm,α=4,r_1=400 μm,r_2=100 μm   (b) w=600 μm,α=6,r_1=600 μm,r_2=60 μm

图 2-21   不同结构微流道样本转角参数优选后试验观测结果

2.4   90°转角微流道内导流板应用

2.4.1   导流板结构原理

为了改善流道转角处液体流动特性,提高"自净"能力,引入导流板结构,如图 2-22 所示。图中导流板结构主要包括两种:普通圆弧形结构和弧-直形结构。其中,导流板在流道转角处均匀分布,r 为弧形半径,l 为直板的长度。

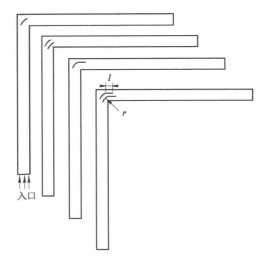

图 2-22   流道内引入不同导流板结构图

为了便于数值模拟,设定流道的结构参数如图 2-23 所示,流道截面为 0.5 mm×0.2 mm 的矩形,定义观测截面 S1～S7,对比观测流道不同位置液体的流动状态。

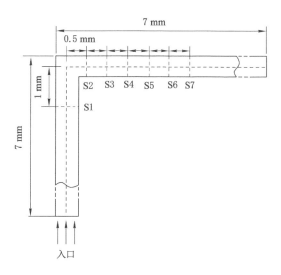

图 2-23 不同结构微流道流场分布

2.4.2 流场均匀性

通过数值模拟,得到不同结构微流道流场分布如图 2-24 所示。由于转角处二次流较强,在流道内壁和中心区域之间形成了一个低速流体区,转角后的区域速度分布也出现明显偏差,导致流道 A 内流场均匀性较差。流道 B～流道 E 均为采用不同类型导流板后的流场分布。综上分析可以看出,引入导流板几何形状可以有效减小速度偏差,通道转角附近低速流体的范围也相应变小,提高流场均匀性,对比观察表明,优化后的弧-直形导流板的效果明显优于普通圆弧形导流板。

为了进一步定量分析流场均匀性,引入速度相对标准差 C_v,C_v 的定义如下:

$$C_v = \frac{S_v}{\bar{v}} \times 100\% \tag{2-17}$$

式中　S_v——速度标准差;

　　　$\bar{v}$——观测截面所有采样点的平均速度。

$$S_v = \sqrt{\frac{1}{n-1} \sum_{i=1}^{n} (v_i - \bar{v})^2} \tag{2-18}$$

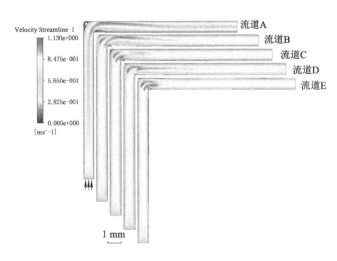

图 2-24　不同结构微流道流场分布

$$\bar{v} = \frac{1}{n} \sum_{i=1}^{n} v_i \qquad (2\text{-}19)$$

式中　n——采样点的个数；

　　　v_i——观测截面各采样点的速度。

图 2-25 是不同流道结构在不同观测位置的速度相对标准差值 C_v，由图可见，流道转角结构使速度相对标准差值明显增加，出现峰值。引入不同结构的导流板后，速度相对标准差值明显降低，且弧-直形结构明显优于普通圆弧形结构，与流场分布结果相吻合。

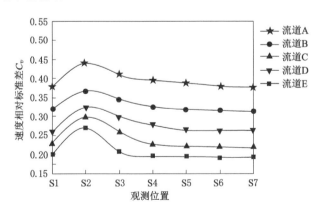

图 2-25　不同观测位置的速度相对标准差值

2.4.3 二次流强度

流道中心区流体速度较大,受到的离心力也较大,为了克服较大的径向压力梯度,中心区域的流体会向壁面移动。靠近流道壁面的流体所受到的径向压力梯度较小,流速较低,在对流作用下向流道中心区域流动,因此形成了二次流,并在流道横截面上形成一对反向旋转的涡流,称为迪恩涡(Dean vortices)[21]。迪恩涡的形成会增加流场的能量损失。

为了定量分析不同条件下的二次流强度,定义了横向动能 k_1 和相对横向动能 k_2:

$$k_1 = u_x^2 + u_y^2 \tag{2-20}$$

$$k_2 = \frac{k_1}{u_z^2} = \frac{u_x^2 + u_y^2}{u_z^2} \tag{2-21}$$

式中 u_x, u_y, u_z —— x, y, z 方向上的速度。

对截面上各点相对横向动能 k_2 进行加权平均得到截面的相对横向动能 k_{sec},表示为:

$$\begin{aligned}
k_{sec} &= \frac{1}{A} \int_A k_2 \, dA \\
&= \frac{1}{A} \int_A \frac{u_x^2 + u_y^2}{u_z^2} dA
\end{aligned} \tag{2-22}$$

式中 A —— 观测截面的横截面积。

图 2-26 给出不同流道结构和观测位置截面的相对横向动能 k_{sec},由图可见,导流板结构的引入能够大大降低 k_{sec} 值,特别是对于流道 C 和流道 E,双导流板对二次流调节作用更为明显。

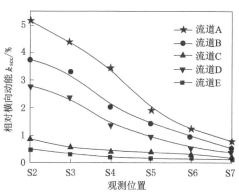

图 2-26 不同观测位置截面的相对横向动能

2.4.4 局部阻力系数

压力损失是等截面微流体通道中流体能量损失的主要原因之一,根据达西公式,90°转角微流道内液体的压降可以表示为:

$$\Delta p = \zeta \frac{\rho \overline{v}^2}{2} \tag{2-23}$$

式中 ρ——流体密度;

$\overline{v}$——流动平均速度;

Δp——两个截面之间的压降;

ζ——压力损失系数。

定义 90°转角处压力损失系数为 $\zeta_{90°}$,可以表示为:

$$\zeta_{90°} = \frac{2(p_1 - p_2)}{\rho \overline{v}_1^2} \tag{2-24}$$

式中 p_1, p_2——转角入口和出口测得的静压;

$\overline{v}_1$——入口处的平均流速。

表 2-4 列出不同条件下测量的微流道 90°转角处的局部阻力系数,入口和出口分别为 S1 和 S3。总的来说,导流板结构的引入还可以减小弯头的压降,减少能量损失。然而,值得注意的是,随着导流板数量的增加,局部阻力系数略有增加,因为在弯曲处产生了更大的流动阻力。

表 2-4　不同弯道内局部阻力系数

类型	p_{S1}/Pa	p_{S3}/Pa	v_{S1}/(m/s)	$\zeta_{90°}$
流道 A	1 919.46	1 238.12	0.49	5.68
流道 B	1 723.32	1 209.83	0.48	4.46
流道 C	1 746.65	1 192.89	0.48	4.81
流道 D	1 769.63	1 322.54	0.48	3.88
流道 E	1 831.37	1 363.12	0.48	4.06

第3章 变色微流控系统驱动装置

与宏观系统相比,微流控系统由于尺度小,能耗低,系统面体比(SAV)较大,流体在微流道内流动时受表面张力影响明显增加,其流动特性也发生了较大变化,因此,宏观系统的驱动方式已不能满足微流控系统的要求。

随着 MEMS 技术和新材料的研究,新的流体驱动方式也逐渐出现,本章主要介绍用于变色微流控系统的流体驱动装置,包括常规驱动装置(如手动驱动、热气动驱动等)和新型驱动装置[包括形状记忆合金(SMA)驱动、液态金属驱动等]。

3.1 常规驱动装置

3.1.1 手动驱动装置[22]

图 3-1 所示为手动驱动变色镜装置,基本结构主要包括螺杆、螺母、驱动腔、驱动杆、有色液体和连接管路。螺母固定在变色镜镜腿表面,驱动腔和镜片微流道之间通过连接管路相连接。当向内侧旋转驱动杆时,驱动腔内的有色液体被推入镜片微流道内,镜片完成变色;当反方向旋转驱动杆时,镜片内的有色液体被吸出,镜片恢复原色。

图 3-2 显示了该变色镜在不同压力下的变色响应时间,由图可见,随着压力的增加,响应时间逐渐减小。对于传统的固体光致变色来说,至少需要 80 s 才能实现眼镜的变色,恢复原色所需时间要长得多。手动驱动装置驱动杆上的螺纹结构便于控制充入和排出有色液体的体积,具有结构和原理简单、易于制作等特点,但由于驱动器整体尺寸较小,因此在实际使用中不便于手动直接操作,灵活性和可控性较差。

3.1.2 热气动微泵驱动装置[23]

图 3-3 为利用气体热胀冷缩原理设计的热气动微泵驱动变色镜装置,基本结构包括驱动腔、碳纤维加热丝、光敏传感器和控制电路。驱动腔内封闭有一定

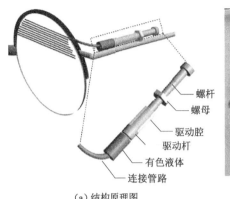 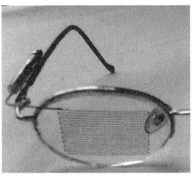

（a）结构原理图　　　　　　　　（b）实物图

图 3-1　手动驱动变色镜装置

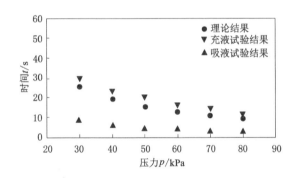

图 3-2　手动驱动变色响应时间

体积的有色液体和无色气体,碳纤维加热丝缠绕在驱动腔气体段的外围,光敏传感器位于镜框前端,能够充分检测到环境中光强的变化,控制电路位于镜腿外侧,用于接收光敏传感器的输出信号,并控制碳纤维加热丝的加热过程。

根据气体受热体积膨胀公式[24],体胀系数定义为:

$$\alpha = \frac{V_t - V_0}{V_0 t} \tag{3-1}$$

式中　V_0——0 ℃时的气体体积;

　　　V_t——t ℃时的气体体积。

因此,可得:

$$V_t = V_0(1 + \alpha t) \tag{3-2}$$

图 3-4 为热气动驱动原理图。当外界环境光强大于光敏传感器预先设定的

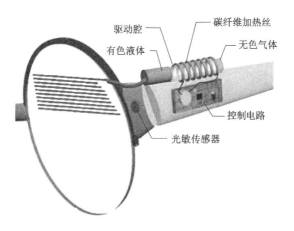

图 3-3 热气动微泵驱动变色镜装置

阈值时,控制电路接收到光敏传感器的输出信号并控制热气动装置中碳纤维加热丝电源开关的闭合,加热丝开始加热,驱动腔内无色气体受热体积膨胀,导致腔内有色液体体积减小,压力增加,从而进入镜片的微流道内,镜片实现变色;当外界环境光强小于光敏传感器预先设定的阈值时,控制电路控制加热丝的电源开关打开,加热丝停止加热,驱动腔内无色气体冷却体积收缩,腔内有色液体体积增加,压力降低,镜片内的有色液体被吸回驱动腔内,镜片恢复原色。

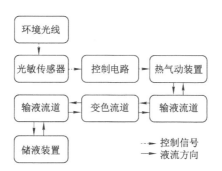

图 3-4 热气动驱动原理图

　　热气动驱动式微泵主要利用气体的热胀冷缩来实现微流控变色镜片内液体的双程驱动,原理简单,便于实现。其主要缺点是:由于气体的膨胀率较低,泵体输出的液体量较少,因此只适用于面积较小的变色结构,且气体冷却体积收缩过程需要较长时间,系统响应快速性较差。

3.1.3　无阀压电微泵驱动装置[25]

压电驱动技术主要是基于压电材料(如压电陶瓷)的逆压电效应,通过控制其机械变形产生旋转或直线运动的技术,具有成本低、响应速度快、功耗小和力矩大等优点,广泛应用于各类驱动装置。

收缩管/扩张管型无阀压电驱动式微泵结构简单紧凑、成本低且易于加工、可靠性高且控制方便、体积小且有利于微泵的微型化和集成化,这些特点使其在微流控系统中有着广阔的应用潜力。图 3-5 所示为收缩管/扩张管型无阀压电驱动式微泵,基本结构包括上下两层 PMMA 支架、上下两层 PDMS 薄膜、压电片、钢针、紧固螺钉及电源引线等。其中,上层 PDMS 薄膜为无微结构的平膜,下层 PDMS 薄膜为具有泵腔和锥管微结构的薄膜,泵腔入口和出口处锥管角度不同,压电片由 PZT-5H 型压电陶瓷薄膜和黄铜基底构成。两层 PDMS 薄膜之间通过一定的不可逆封接方法完成封接,按照图 3-5(a)中所示顺序进行组装,并利用紧固螺钉进行固定,制作完成后的微泵如图 3-5(b)所示。

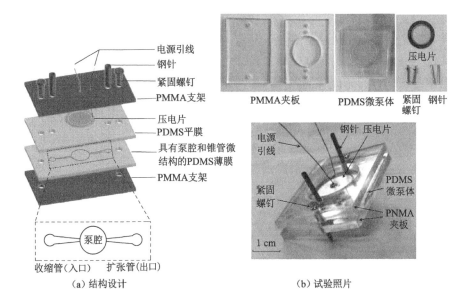

(a)结构设计　　　　　　　　(b)试验照片

图 3-5　收缩管/扩张管型无阀压电驱动式微泵

当给压电片施加交变电压信号时,微泵入口和出口分别作为收缩管和扩张管交替变换,因此在一个工作周期内,泵腔呈现泵入和泵出两种状态,如图 3-6 所示。在正向驱动电压的作用下,压电片向下振动,泵腔体积减小,液体从扩张管(出口)和收缩管(入口)同时流出,由于扩张管处液体阻力小于收缩管处,因此流出泵腔的液体比流入液体多;反之,在反向驱动电压的作用下,压电片将向上振动,泵腔体积增大,此时收缩管(入口)处液体的阻力小于扩张管(出口)处,因此流入泵腔的液体比流出液体多。经过一个工作周期,无阀压电驱动式微泵可以实现一定流量液体的泵送,而在周期性交变电压的驱动下,可以实现液体的连续定向输送。

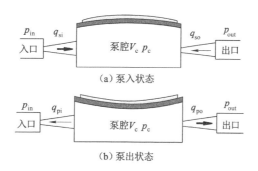

图 3-6 收缩管/扩张管型无阀压电驱动式微泵的两种状态

在一个交变周期内,微泵的泵腔体积 V_c 随时间的变化规律为:

$$V_c = V_0 - V_x \cos(\omega t) \tag{3-3}$$

式中 V_0——无振动时的泵腔体积,m^3;

　　ω——薄膜振动角频率,rad/s;

　　V_x——微泵泵腔最大体积变化量,$V_x = k_v x_{max}$,m^3;

　　x_{max}——压电片中心最大变形量,m。

因此泵腔体积的变化量由振动薄膜的振动频率与幅值共同决定。对式(3-3)求导可得:

$$\frac{dV_c}{dt} = V_x \omega \sin(\omega t) \tag{3-4}$$

在泵入状态下,微泵流量连续性方程可表示为:

$$q_{si} - q_{so} = V_x \omega \sin(\omega t) + \frac{V_0 - V_x \cos(\omega t)}{K_{eff}} \frac{dp_c}{dt} \tag{3-5}$$

$$(t \in [(n-1)T_c, \frac{(2n-1)T_c}{2}], n = 1, 2, \cdots)$$

式中 q_{si}——微泵处于吸入状态时的入口流量,$q_{si} = A\sqrt{\dfrac{2(p_{in} - p_c)}{\rho \xi_d}}$,$m^3/s$;

　　q_{so}——微泵处于吸入状态时的出口流量,$q_{so} = -A\sqrt{\dfrac{2(p_{out} - p_c)}{\rho \xi_d}}$,$m^3/s$;

　　T_c——薄膜振动周期,s;

p_{in}——微泵入口处压力，Pa；

p_{out}——微泵出口处压力，Pa。

同理，微泵泵出状态连续性方程可表示为：

$$q_{\text{pi}} - q_{\text{po}} = V_x \omega \sin(\omega t) + \frac{V_0 - V_x \cos(\omega t)}{K_{\text{eff}}} \frac{\mathrm{d}p_c}{\mathrm{d}t} \tag{3-6}$$

$$\left\{ t \in \left[\frac{(2n-1)T_c}{2}, nT_c \right], n = 1, 2, \cdots \right\}$$

式中　q_{pi}——泵出状态微泵入口流量，$q_{\text{pi}} = -A\sqrt{\dfrac{2(p_c - p_{\text{in}})}{\rho \xi_d}}$，$\mathrm{m}^3/\mathrm{s}$；

　　　q_{so}——泵出状态微泵出口流量，$q_{\text{po}} = A\sqrt{\dfrac{2(p_c - p_{\text{out}})}{\rho \xi_d}}$，$\mathrm{m}^3/\mathrm{s}$。

　　变色微流控系统内液体的流动为双向流动，因此变色镜片微流道的入口处应同时连接两个不同泵送方向的无阀压电驱动式微泵，其中一个微泵的出口与微流道相连接，用于实现充液过程中液体的泵送，另外一个微泵的入口与微流道相连接，用于实现吸液过程中液体的泵送。

　　图 3-7 所示为无阀压电微泵驱动变色眼镜示意图，基本结构包括镜框、液体变色镜片、无阀压电微泵控制器、弹性容腔和连接管路。两个无阀压电微泵控制器分别固定在两个镜腿外侧，其中一侧微泵的出液口与镜片内的微流道相连，进液口与弹性容腔相连，实现镜片的充液变色；另一侧微泵的进液口与微流道相连，出液口与弹性容腔相连，完成吸液过程，使镜片恢复原色。弹性容腔采用硅胶/橡胶制作，可实现液体在容腔和流道间的循环流动。

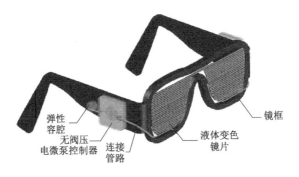

图 3-7　无阀压电微泵驱动变色眼镜示意图

　　当环境光线较强时，在充液侧无阀压电驱动式微泵的作用下，弹性容腔中的有色液体被连续泵入镜片的微流道内使镜片变为佩戴者需要的颜色，实现减弱光强、保护视力的作用；而当环境光线较弱时，有色液体通过另一侧微泵的作用从微流道内泵出到弹性容腔内,从而使镜片恢复到原来透明的状态。

　　图 3-8 所示为无阀压电微泵控制的微流控液体变色眼镜性能测试系统。该性能测试系统主要包括被测的液体变色镜片、无阀压电微泵控制器、微泵驱动电源、储液器和连接装置。微泵驱动电源采用 XFD-8B 超低频信号发生器提供的 1∶1 的方波电压,其输出电压峰-峰值为 0～250 V,频率范围为 0.000 5 Hz～10 kHz,最大输出电流为 40 mA。为了减少试验过程中气泡的产生,试验中所使用的有色液体均为染色的去离子水,其运动黏度为 10^{-6} m^2/s,表面张力系数为 0.073 N/m,密度为 993.95 kg/m^3。

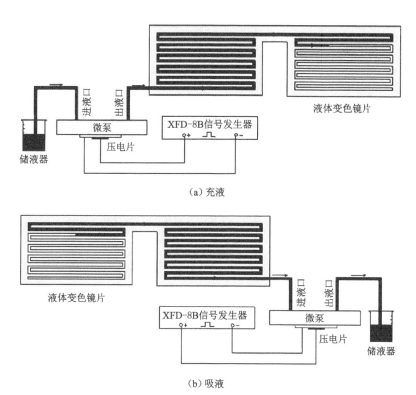

图 3-8　无阀压电微泵控制的微流控液体变色眼镜性能测试系统

　　图 3-9 所示为在不同驱动电压和驱动频率下无阀压电微泵驱动变色眼镜充液过程和吸液过程的响应特性。由图可知,随着驱动电压幅值的增加,变色眼镜的响应时间逐渐减少,而随着驱动频率的增加响应时间呈先减少后增加的趋势,在 200～250 Hz 之间出现最小值。主要原因是无阀压电驱动式微泵存在一个最佳工作频率,当驱动频率为其最佳工作频率时,微泵性能达到最优,此时液体变

色眼镜的响应速度最快,响应时间最少。图 3-9 表明本书所设计和制作的无阀压电驱动式微泵的最佳工作频率在 200 Hz 附近。

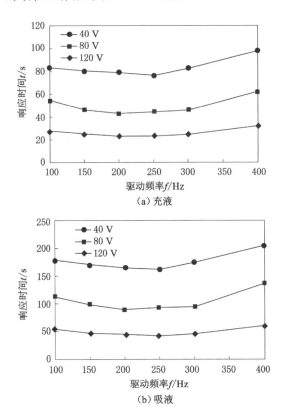

(a) 充液

(b) 吸液

图 3-9 无阀压电微泵驱动变色眼镜充液和吸液过程的响应特征

测试结果显示:当驱动电压为 40 V、驱动频率为 200 Hz 时,变色眼镜完成充液变色需 79.5 s,恢复原色时间为 166.8 s;当驱动电压为 120 V、驱动频率为 200 Hz 时,变色眼镜完成充液变色仅需 23.1 s,恢复原色需要 42.1 s。而传统的固体感光变色镜在环境温度为 23 ℃时完成变色至少需要 120 s,恢复原色则需要更长的时间,且随着使用次数的增加,变色和恢复时间会逐渐增加,甚至出现不完全的变色和恢复。因此,与传统固体感光变色镜相比,无阀压电驱动式微泵控制的微流控液体变色眼镜具有较快的响应速度,变色过程可根据使用者的需要实现较高的可控性,且可逆性良好。

比较图 3-9(a)、(b)可知,在相同的驱动电压和驱动频率下,变色眼镜恢复原色的时间要大于其完成充液变色的时间,主要原因是镜片变色层的制作以高分子聚合物 PDMS 为材料,PDMS 具有较大的弹性,且材料本身透气而不透水[14]。当有色液体从微流道内吸回时,PDMS材料的流道壁在负压的作用下会产生收缩变形,流道截面积减小,液体流动的流阻增加,从而导致变色镜片恢复原色的时间要比充液变色的时间长。同时 PDMS材料本身的透气性也对变色眼镜的响应特性产生了一定的影响。

无阀压电微泵驱动变色微流控系统主要利用泵腔入口和出口处液体阻力的不同来实现液体的泵送,原理新颖,可控性好。但其主要缺点是系统结构复杂,输出流量小,变色系统响应速度慢,且驱动电源需为交变电源,不利于变色微流控系统的微型化和集成化。

3.2 新型驱动装置

目前,新的材料在不断研究和更新,微流体控制以及流体驱动的单元中也不断引入新材料实现流体的驱动,包括 SMA、液态金属以及磁流体等,未来的微流控系统体积更小,操作更便捷,与此同时也具备了更优的性能。

3.2.1 SMA 驱动器

3.2.1.1 SMA

形状记忆效应是指具有某种形状的固体材料,在某种条件下经过一定塑性变形后,当加热到一定温度时,材料又完全回复到变形前形状的现象。SMA 内部具有两种相[26-27]:高温奥氏体相(Austenite,A)和低温马氏体相(Mastenite,M)。室温(25 ℃)环境下,SMA 为纯马氏体相,当加热到相变开始温度 A_s 时,其内部开始发生 M→A 的逆相变,当温度达到 A_f 时,逆相变结束,此时内部为纯奥氏体相;反之,在冷却过程中,当温度降低到相变开始温度 M_s 时,开始发生 A→M 的正相变,当温度达到 M_f 时,正相变结束,此时内部为纯马氏体相。根据记忆特性的不同,SMA 元件主要包括双程式和单程式两种,前者在加热时回复到高温相形状,冷却时又能回复到低温相形状,后者在加热时可回复到高温相形状,而冷却时不能回复到低温相形状。

常用 SMA 元件的形状主要有丝状、螺旋状、薄膜状和管状等,螺旋状的SMA 弹簧因具有较大的输出位移而得到广泛应用。例如:长度为 20 mm、直径为0.5 mm 的 SMA 弹簧丝,当受到外力作用产生2%的应变时,其行程为0.4 mm;而同等长度,弹簧丝直径为 1 mm、中径为 6 mm、有效匝数为 20 匝的 SMA 弹簧,当应变为2%时,其行程可达 27 mm。因此,SMA 螺旋弹簧适用于 SMA 驱动器的设计和制作。

微流控变色薄膜内液体的流动为双向流动,用来实现薄膜变色和恢复,因此所需驱动器为双程驱动。利用 SMA 弹簧实现双程驱动的基本方式主要包括三种,如图 3-10 所示。图 3-10(a)所示为基于单个双程 SMA 弹簧结构,利用 SMA 自身的双程记忆效应来完成双程运动,其优点是无须外力干预,体积小,结构简单,但由于 SMA 弹簧的双程记忆效应是通过反复热训练来实现的,训练时间较长,过程复杂,输出精度低,且产品价格昂贵[28-31]。图 3-10(b)所示是基于两个单程 SMA 弹簧的差动式结构,图 3-10(c)所示是由一个单程 SMA 弹簧和一个普通偏置弹簧组成的偏动式结构。比较图 3-10(b)、(c)可知:差动式结构和偏动式结构均采用的是单程 SMA 弹簧,因此价格较低,可控性较高;不同之处为前者两侧均为单程 SMA 弹簧,后者一侧为单程 SMA 弹簧,另一侧为普通偏置弹簧。差动式结构中,两侧 SMA 弹簧在温度变化过程中均会产生主动形变,因此系统所获得的输出力和输出位移较大,但由于双侧 SMA 弹簧的冷却过程均需要一定时间,因此,差动式结构的响应快速性低于偏动式结构。这里,为了降低成本,提高微流控变色系统响应速度,采用图 3-10(c)所示的偏动式结构。

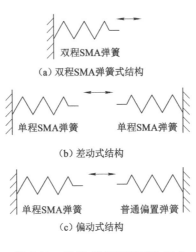

（a）双程SMA弹簧式结构

（b）差动式结构

（c）偏动式结构

图 3-10 SMA 弹簧双程驱动方式

3.2.1.2 SMA 驱动器结构[32-33]

图 3-11 所示为 SMA 驱动器的结构和原理图,基本结构包括一个单程 SMA 弹簧、一个普通偏置弹簧、活塞、导向管、驱动腔、固定板、连接管路和电源等。单程 SMA 弹簧和普通偏置弹簧的两端均固定,并与活塞相连接,单程 SMA 弹簧、普通偏置弹簧、活塞和导向管的轴线均在同一直线上。为保证弹簧在变形过程中的行程为直线,在弹簧和活塞中线位置插入一根直的空心导向管来控制弹簧行程方向。固定板主要用于固定单程 SMA 弹簧和导向管,

同时固定电源线并将其引出与直流电源相连接。为了增加驱动器在不同温度下的可靠性,单程 SMA 弹簧和普通偏置弹簧的固定端用一层薄的环氧树脂胶与固定板黏结。

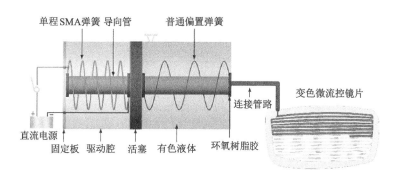

图 3-11   SMA 驱动器的结构和原理图

首先单程 SMA 弹簧施加一定载荷,之后再卸载,此时其产生一定形变量(预变形量),然后完成单程 SMA 弹簧和普通偏置弹簧的安装,系统达到初始平衡状态。在初始条件下,微流控变色镜片内充满有色液体,接通电源后,单程 SMA 弹簧受热,当温度升高到弹簧逆相变开始温度时,其内部产生马氏体向奥氏体的相变,弹簧刚度和回复量快速增加,拉动活塞向左运动,镜片内的有色液体被吸入驱动腔内;当温度达到逆相变结束温度时,单程 SMA 弹簧和普通偏置弹簧再次达到高温平衡点,活塞停止运动,镜片恢复原色。断开电源后,单程 SMA 弹簧冷却,当温度降低到弹簧正相变开始温度时,弹簧刚度快速降低,在普通偏置弹簧作用下,活塞向右运动,驱动腔内的有色液体被充入镜片内,当温度降低到弹簧正相变结束温度时,系统恢复到初始平衡态,活塞停止运动,镜片完成变色。因此,通过控制电源信号的通断,驱动器内活塞可以完成在两个平衡点之间的往复直线运动,实现微流控变色系统内液体的双程驱动。

3.2.2   液态金属微驱动器

常温下以液态的形式存在的液态金属由于其熔点低、沸点高、热导率高、热容大、工作温区广、流动性好、导电性能佳等诸多优点,作为新型材料广泛应用于生物医疗、机械制造等领域。液态金属的高动力黏度和高表面张力等特性促进了液态金属液滴在微尺度下液体驱动领域的研究和应用。

图 3-12 为液态金属驱动器原理及性能图[34],主要结构包括泵送区、观测区

和流道区三部分,泵送区主要由圆形泵送腔室和分别位于腔室两侧的电极槽组成,腔室进出口截面尺寸小于液态金属液滴的直径尺寸,以限制液态金属的工作位置。由于施加电场分布不均匀,引起液态金属表面张力梯度发生变化,而由表面张力梯度引起的马朗格尼效应导致了液体流动,从而在流道内形成稳定的液体泵送行为。

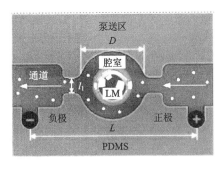
(a)结构原理图

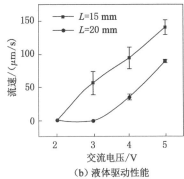
(b)液体驱动性能

图 3-12　液态金属驱动器结构及性能图

3.2.3　超声行波驱动器

在相邻两组压电陶瓷片上施加频率相同、相位差为 α 的电压时,由于压电陶瓷的逆压电效应,会在管壁上激发出两个模态响应,并且其幅值相等、频率相等,但是相位相差这两个模态响应叠加后形成行波,两相模态可以表示为:

$$\omega_{A}(x,t) = W_{A}\sin(nx)\cos(\omega_n t) \tag{3-7}$$

$$\omega_{B}(x,t) = W_{B}\sin(nx)\cos(\omega_n t + \alpha) \tag{3-8}$$

其中,W_A,W_B 分别为微管壁和两列波产生的响应振幅,$n = 2\pi/\lambda$ 表示波数,α 则为响应产生的相位差。当同时施加在流道壁面上时,则产生的响应为:

$$\begin{aligned}\omega &= \omega_A + \omega_B \\ &= \frac{1}{2}\{(W_A - W_B\sin\alpha)\sin(nx + \omega_n t) + (W_A + W_B\sin\alpha)\sin(nx - \omega_n t) + \\ &\quad 2W_B\cos\alpha\cos(nx)\cos(\omega_n t)\}\end{aligned} \tag{3-9}$$

当 $\alpha = \pi/2$,且 $W_A = W_B = W_0$ 时,$\omega = W_0\sin(nx - \omega_n t)$,为正向行波;

当 $\alpha = -\pi/2$,且 $W_A = W_B = W_0$ 时,$\omega = W_0\sin(nx + \omega_n t)$,为反向行波;

当以上条件都不满足时,流道壁面上不会产生纯的行波。

微流道壁面在压电陶瓷的作用下,由于其弹性性质,会产生机械形变,主要包括管壁质点的椭圆运动与管壁上激起的行波,这是驱动内部流体流动最直观的因素。此外,压电陶瓷的超声振动也会在流体中产生超声频率声场,声流和声辐射压力也是驱动管内液体流动的重要因素。

图 3-13 是超声行波驱动器结构示意图[35],流道壁质点在压电陶瓷组的作用下运动轨迹为一椭圆,质点在靠近流体的顶点处比远离流体的顶点处具有更大的切向摩擦力,即波谷的摩擦力大于波峰的摩擦力,因此对于管壁上激起的整个行波而言,会产生一个净差值,方向与行波波谷的方向相同。这个净差值对液体驱动有一定程度的影响。经过一段时间振动之后,管内的流体在管壁黏附力和液体分子间作用力的作用下,在出口处产生净流量。

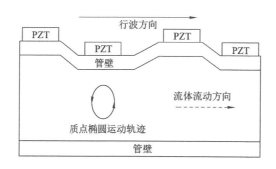

图 3-13　超声行波驱动器结构示意图

3.2.4　MHD 驱动器

磁流体力学(MHD)是结合流体动力学和电动力学的方法研究导电流体和电磁场相互作用的学科。MHD 驱动技术具有无机械移动装置、结构简单、可双向泵浦、能耗低、所需电压小的优势。过去 MHD 驱动技术主要应用于地面大容量高效率发电、金属射流的研究,以及航空航天领域等离子体 MHD 技术,随着微流控技术的发展,现在也逐渐应用于微流控芯片中制作流体驱动微泵。

图 3-14 为 MHD 驱动示意图[36],一个矩形截面的环形流道,两个电极紧紧贴在流道一段平行边墙两侧,注入离子液体,然后在两电极间施加电场 E,令磁场 B 的方向垂直于电场和流道长轴。当施加外电压时,电极间形成电流,阴阳带电离子定向移动,并且是切割垂直于电场方向的磁场运动,因而产生洛伦兹力,阴阳带电离子所受洛伦兹力方向相同。由于非常短的自由程,离子间摩擦力将这种力传给整个离子液体,然后克服流体阻力驱动液体前进。

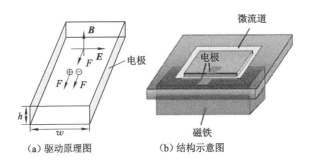

（a）驱动原理图   （b）结构示意图

图 3-14 MHD 驱动示意图

第4章 形状记忆合金驱动变色微流控系统

  SMA 是一种由两种或两种以上金属元素构成、能够在温度和应力作用下发生相变的新型功能材料,通过热弹性与马氏体相变及其逆变而具有独特的形状记忆效应、相变伪弹性等特性,广泛应用于航空航天、生物医疗、机械电子、汽车工业、建筑工程等领域。

  本章主要建立 SMA 驱动变色微流控系统的数学模型,对系统的输出特性展开仿真分析和试验研究,并运用多目标优化策略对系统关键参数进行优化[32-33]。

4.1 SMA 驱动变色微流控系统数学模型

4.1.1 SMA 弹簧动力学模型

  与普通材料不同,SMA 材料的应力和应变之间不是恒定线性关系,不能用简单的胡克定律来描述,因为在 SMA 相变过程中,应力-应变特性与温度有关,且不同相变状态下马氏体含量、弹性模量等特性参量也不是常数,均随着温度的变化而变化。根据 Brinson 模型,SMA 在相变过程中,各变量之间的关系可以表示为:

$$\sigma - \sigma_0 = E(\xi)\varepsilon - E(\xi_0)\varepsilon_0 + \Omega(\xi)\xi_s - \Omega(\xi_0)\xi_0 + \Theta(\xi)(T - T_0) \tag{4-1}$$

式中 σ——SMA 弹簧受到的应力,Pa;

   ε——SMA 弹簧产生的应变;

   T——SMA 弹簧的温度,℃;

   ξ——SMA 弹簧相变中马氏体百分含量;

   ξ_s——SMA 弹簧相变中应力诱发的马氏体百分含量;

   $E(\xi)$——SMA 弹簧的弹性模量,Pa;

   $\Omega(\xi)$——SMA 弹簧的相变张量;

   $\Theta(\xi)$——SMA 弹簧的热弹性张量;

   下标"0"——初始状态。

SMA 弹簧从马氏体向奥氏体转变的过程中，当 $T > A_s$ 且 $C_A(T-A_f) < \sigma < C_A(T-A_s)$ 时，马氏体的百分含量 ξ 可以表示为式(4-2)所示，其中由应力诱发的马氏体 ξ_s 和由温度诱发的马氏体 ξ_T，可以分别表示为式(4-3)和式(4-4)所示：

$$\xi = \frac{\xi_0}{2} \left\{ \cos\left[\frac{0}{A_f - A_s} \left(T - A_s - \frac{\sigma}{C_A} \right) \right] + 1 \right\} \tag{4-2}$$

$$\xi_s = \xi_{s0} - \frac{\xi_{s0}}{\xi_0}(\xi_0 - \xi) \tag{4-3}$$

$$\xi_T = \xi_{T0} - \frac{\xi_{T0}}{\xi_0}(\xi_0 - \xi) \tag{4-4}$$

SMA 弹簧从奥氏体向马氏体转变的过程中，当 $T > M_s$ 且 $\left[\frac{\pi}{\sigma_s^{cr} - \sigma_f^{cr}} + C_M(T-M_f) \right] < \sigma < \left[\sigma_f^{cr} + C_M(T-M_s) \right]$ 时，马氏体的百分含量 ξ 可以表示为：

$$\xi_s = \frac{1 - \xi_{s0}}{2} \cos\left\{ \frac{\pi}{\sigma_s^{cr} - \sigma_f^{cr}} \left[\sigma - \sigma_f^{cr} - C_M(T-M_s) \right] \right\} + \frac{1 + \xi_{s0}}{2} \tag{4-5}$$

$$\xi_T = \xi_{T0} - \frac{\xi_{T0}}{1 - \xi_{s0}}(\xi_s - \xi_{s0}) \tag{4-6}$$

式中 C_A, C_M——应力对相变温度的影响系数，Pa/℃；

$\sigma_s^{cr}, \sigma_f^{cr}$——马氏体相变开始和结束时的临界应力，Pa。

当 $T < M_s$ 且 $\sigma_s^{cr} < \sigma < \sigma_f^{cr}$ 时，马氏体的百分含量 ξ 可以表示为：

$$\xi_s = \frac{1 - \xi_{s0}}{2} \cos\left[\frac{\pi}{\sigma_s^{cr} - \sigma_f^{cr}}(\sigma - \sigma_f^{cr}) \right] + \frac{1 + \xi_{s0}}{2} \tag{4-7}$$

$$\xi_T = \xi_{T0} - \frac{\xi_{T0}}{1 - \xi_{s0}}(\xi_s - \xi_{s0}) + \Delta_{T\xi} \tag{4-8}$$

式(4-8)中 $\Delta_{T\xi}$ 可以表示为：

$$\Delta_{T\xi} = \begin{cases} \frac{1 - \xi_T^0}{2} \{ \cos[a_M(T - M_f)] + 1 \} & M_f < T < M_s \text{ 且 } T < T_0 \\ 0 & \text{其他} \end{cases}$$

$$\tag{4-9}$$

相变张量 $\Omega(\xi)$ 可以表示为：

$$\Omega(\xi) = -\varepsilon_L E(\xi) \tag{4-10}$$

式中 ε_L——SMA 弹簧的最大可回复应变。

将式(4-10)代入式(4-1)可得：

$$\sigma - \sigma_0 = E(\xi)(\varepsilon - \varepsilon_L \xi_s) - E(\xi_0)(\varepsilon_0 - \varepsilon_L \xi_{s0}) + \Theta(\xi)(T - T_0) \tag{4-11}$$

由于热弹性张量 $\Theta(\xi)$ 相对于弹性模量 $E(\xi)$ 较小，通常将其视为常数，则式(4-11)可简化为：

$$\sigma - \sigma_0 = E(\xi)(\varepsilon - \varepsilon_L\xi_s) - E(\xi_0)(\varepsilon_0 - \varepsilon_L\xi_{s0}) + \Theta(T - T_0) \qquad (4\text{-}12)$$

根据塑性力学中等效应力、等效应变及剪切模量的定义,式(4-12)修订为:

$$\tau - \tau_0 = G(\xi)(\gamma - \gamma_L\xi_s) - G(\xi_0)(\gamma_0 - \gamma_L\xi_{s0}) + \Theta(T - T_0) \qquad (4\text{-}13)$$

式中　τ——SMA 弹簧受到的剪切应力,Pa;

　　　$G(\xi)$——SMA 弹簧的剪切弹性模量,Pa;

　　　γ——SMA 弹簧产生的剪切应变;

　　　γ_L——SMA 弹簧的最大可回复剪切应变。

SMA 弹簧剪切弹性模量 $G(\xi)$ 可以表示为:

$$G(\xi) = G_A - \xi(G_A - G_M) \qquad (4\text{-}14)$$

式中　G_M——纯马氏体状态下 SMA 弹簧剪切弹性模量,Pa;

　　　G_A——纯奥氏体状态下 SMA 弹簧剪切弹性模量,Pa。

根据材料力学知识,弹簧的剪切应力、剪切应变和所产生回复力之间的关系可以表示为:

$$\gamma = \frac{\tau}{G} = k\frac{8PD}{G\pi d^3} \qquad (4\text{-}15)$$

式中　d——SMA 弹簧丝直径,m;

　　　D——SMA 弹簧圈中径,m;

　　　P——SMA 弹簧产生的回复力,N;

　　　k——应力修正系数。

应力修正系数 k 可以表示为:

$$k = \frac{4C-1}{4C-4} + \frac{0.165}{C} \qquad (4\text{-}16)$$

式中　C——SMA 弹簧指数,$C = D/d$。

SMA 弹簧形变时产生的回复位移 X 和剪切应变 γ 之间的关系可以表示为:

$$X = \frac{n\pi D^2}{d}\gamma \qquad (4\text{-}17)$$

式中　n——SMA 弹簧的有效匝数。

将式(4-15)代入式(4-17),可得:

$$X = k\frac{8nD^3P}{Gd^4} \qquad (4\text{-}18)$$

结合式(4-12)～式(4-18),SMA 弹簧的动力学方程可以表示为:

$$P = \frac{\pi d^3}{8kD}\left[G(\xi)\left(\frac{d}{n\pi D^2}X - \gamma_L\xi_s\right) - G(\xi_0)(\gamma_0 - \gamma_L\xi_{s0}) + \frac{\Theta(T - T_0)}{\sqrt{3}} + \tau_0 \right]$$

$$(4\text{-}19)$$

式(4-19)描述了 SMA 弹簧产生的回复力 P、回复位移 X 和温度 T 之间的关系。为了便于计算,其中剪切弹性模量 $G(\xi)$ 可以表示为:

$$G = \begin{cases} G_M & T < M_f \text{ 且 } T < A_s \\ G(T) & M_f \leqslant T \leqslant A_f \\ G_A & T > A_f \text{ 且 } T > M_s \end{cases} \tag{4-20}$$

当 $M_f \leqslant T \leqslant A_f$ 时,剪切弹性模量 $G(\xi)$ 可以表示为:

$$G = G_M + \frac{G_A - G_M}{2}\{1 + \sin[\omega(T - T_m)]\} \tag{4-21}$$

其中:

$$-\frac{\pi}{2} \leqslant \omega(T - T_m) \leqslant \frac{\pi}{2} \tag{4-22}$$

$$\omega = \begin{cases} \dfrac{\pi}{A_f - A_s} & \text{加热过程} \\[2mm] \dfrac{\pi}{M_s - M_f} & \text{冷却过程} \end{cases} \tag{4-23}$$

$$T_m = \begin{cases} \dfrac{A_s + A_f}{2} & \text{加热过程} \\[2mm] \dfrac{M_s + M_f}{2} & \text{冷却过程} \end{cases} \tag{4-24}$$

4.1.2 SMA 驱动系统动力学模型

SMA 弹簧在相变过程中,其弹性模量会随着温度的变化而发生很大变化(纯马氏体相时的弹性模量约为纯奥氏体相时的 1/3),因此,在研究驱动系统动力学模型之前,作如下假设:

(1) SMA 弹簧内部各点温度、应力和应变的变化为均匀变化;

(2) 忽略 SMA 弹簧加热过程中由于散热等原因产生的热量损失;

(3) 忽略导向管的质量,弹簧与导向管之间的摩擦力以及活塞与液体容腔壁面之间的摩擦力;

(4) SMA 弹簧和偏置弹簧的一端均固定,其位移为零,另外一端始终与活塞具有相同的位移、速度和加速度。

初始状态下,变色薄膜微流道内充满有色液体,SMA 弹簧具有一定的预变形量,当加热温度达到相变临界温度时,SMA 弹簧发生逆相变,产生回复力,活塞向 SMA 弹簧侧运动,驱动腔内液体的体积增大,压力降低,微流道内的液体被吸入驱动腔内,薄膜恢复原色。在此过程中,驱动器的动力学方程可以表示为:

$$P_q = P - k_p X_q - p_f \qquad (4\text{-}25)$$

式中　P_q——驱动器输出的驱动力，N；

　　　k_p——偏置弹簧的弹性系数，N/m；

　　　X_q——驱动器输出位移，m；

　　　p_f——液体阻力，N。

　　反之，SMA 弹簧在冷却过程中，活塞向偏置弹簧侧运动，驱动腔内液体的体积减小，压力增加，液体被充入微流道内，薄膜完成变色。在此过程中，驱动器的动力学方程可以表示为：

$$P_q = k_p X_q - P - p_f \qquad (4\text{-}26)$$

　　根据连续性方程，微流道内液体的流速 V_l 可以表示为：

$$V_l = \frac{A_q}{A_l} V_q = \frac{A_q}{A_l} \dot{X}_q \qquad (4\text{-}27)$$

式中　A_l——微流道截面积，m^2；

　　　A_q——驱动腔截面积，m^2；

　　　V_q——驱动腔内活塞运动速度，m/s。

　　根据第 2 章中矩形截面微流道内液体阻力特性分析，变色薄膜微流道内液体的阻力系数可以表示为式（2-11）和式（2-13）所示。根据伯努利方程，液体流动的阻力 p_f 可以表示为：

$$p_f = \frac{32\mu l F A_q}{d_l^2} \frac{A_q}{A_l} \dot{X}_q + \frac{\rho A_q}{2}\left[\left(\frac{A_q}{A_l}\right)^2 - 1\right]\dot{X}_q^2 \qquad (4\text{-}28)$$

式中　μ——液体动力黏度，Pa·s；

　　　l——流道长度，m；

　　　d_l——流道当量直径，m；

　　　F——阻力系数修正因子；

　　　ρ——液体密度，kg/m^3。

　　由式（4-19）、式（4-25）、式（4-27）、式（4-28）可得，SMA 弹簧在加热产生逆相变过程中，驱动器的动力学方程可以表示为：

$$m_q \ddot{X}_q + \left[\frac{d^4 G(\xi)}{8nkD^3} + k_p\right]X_q + p_f = \frac{\pi d^3}{8kD}\left[G(\xi)\left(\frac{d}{n\pi D^2}L_0 - \gamma_L \xi_s\right) - G(\xi_0)(\gamma_0 - \gamma_L \xi_{s0}) + \frac{\Theta(T - T_0)}{\sqrt{3}}\right]$$

$$(4\text{-}29)$$

式中　L_0——SMA 弹簧的预变形量，m；

　　　m_q——驱动腔内活塞的质量，kg。

　　同理可得，SMA 弹簧在冷却产生正相变过程中，驱动器的动力学方程可以表示为：

$$m_{\mathrm{q}}\ddot{X}_{\mathrm{q}} + \left[\frac{d^4 G(\xi)}{8nkD^3} - k_{\mathrm{p}}\right]X_{\mathrm{q}} + p_{\mathrm{f}} = -\frac{\pi d^3}{8kD}\left[G(\xi)\left(\frac{d}{n\pi D^2}L_0 - \gamma_{\mathrm{L}}\xi_{\mathrm{s}}\right) - G(\xi_0)(\gamma_0 - \gamma_{\mathrm{L}}\xi_{\mathrm{s}0}) + \frac{\Theta(T-T_0)}{\sqrt{3}}\right]$$

$$(4\text{-}30)$$

4.1.3 SMA 驱动系统热力学模型

在驱动系统中,SMA 弹簧加热采用通电加热方式,外部加热电源是系统唯一能量输入 $Q_{输入}$,系统能量输出主要分为传递能量 $Q_{传递}$、对流能量 $Q_{对流}$ 和向外界辐射的能量 $Q_{辐射}$ 三部分,如图 4-1 所示。

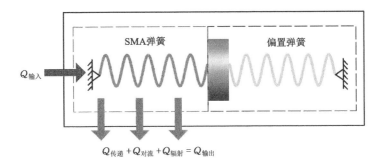

图 4-1　相变过程中 SMA 驱动器能量关系图

根据能量守恒,不同形式的能量应达到平衡,即:

$$Q_{输入} = Q_{传递} + Q_{对流} + Q_{辐射} \qquad (4\text{-}31)$$

其中,向外界辐射的能量 $Q_{辐射}$ 忽略不计。

根据热力学方程[37-38],式(4-31)可以表示为:

$$i^2 R_{\mathrm{SMA}} = cm\frac{\mathrm{d}T}{\mathrm{d}t} + hA(T - T_{\mathrm{f}}) \qquad (4\text{-}32)$$

式中　i——SMA 弹簧通入电流,A;

　　　R_{SMA}——SMA 弹簧电阻,Ω;

　　　c——SMA 材料比热容,J/(kg·℃);

　　　m——SMA 弹簧质量,kg;

　　　h——对流换热系数,W/(m²·℃);

　　　A——SMA 弹簧表面积,m²;

　　　T_{f}——SMA 弹簧最终稳态温度,℃。

式(4-32)中,SMA 弹簧电阻 R_{SMA} 和稳态温度 T_{f} 可以分别表示为:

$$R_{\mathrm{SMA}} = \rho_{\mathrm{e}}\frac{4Dn}{d^2} \qquad (4\text{-}33)$$

式中 ρ_e——SMA 材料电阻率，$\Omega \cdot m$。

$$T_f = \frac{i^2 R_{SMA}}{\pi dh} \tag{4-34}$$

求解式（4-32）可得，加热过程中 SMA 驱动器的热力学方程为：

$$T - T_{s0} = T_f(1 - e^{-t/\tau_1}) \tag{4-35}$$

式中 T_{s0}——环境温度，℃。

式（4-35）中，τ_1 可以表示为：

$$\tau_1 = \frac{d\rho_s c}{4h} \tag{4-36}$$

式中 ρ_s——SMA 弹簧密度，kg/m^3；

冷却过程中，SMA 驱动器的热力学方程可以表示为：

$$T - T_{s0} = (T_i - T_{s0})e^{-t/\tau_1} \tag{4-37}$$

式中 T_i——SMA 弹簧冷却初始温度，℃。

4.2 SMA 驱动变色微流控系统仿真分析

由 SMA 驱动器数学模型可知，应力（σ）-应变（ε）-温度（T）之间存在高度的非线性关系，为了直观深入地了解 SMA 驱动器的动力学性能，在 MATLAB/SIMULINK 环境下，对不同参数条件下的 SMA 弹簧及 SMA 驱动器进行特性仿真研究，仿真所采用 SMA 弹簧的主要特性参数见表 4-1。

表 4-1　SMA 弹簧主要特性参数

特性参量	单位符号	数值
相变温度 M_s, M_f, A_s, A_f	℃	45,35,55,65
剪切弹性模量 G_M, G_A	GPa	7.4,22.5
热弹性张量 Θ	MPa/℃	0.55
密度 ρ_s	kg/m^3	6 450
比热容 c	J/(kg·K)	550
自然对流系数 h	W/(m²·℃)	6.5
电阻率 ρ_e	$\Omega \cdot m$	10.2×10^{-7}
泊松比 υ	—	0.33
最大残余应变 ε_L	—	0.067
应力对相变温度的影响系数 C_M, C_A	MPa/℃	9,13.8
相变临界应力 $\sigma_s^{cr}, \sigma_f^{cr}$	MPa	100,170

表 4-1(续)

特性参量	单位符号	数值
最大剪切力 τ_{max}	MPa	310
应力修正系数 k	—	1.28
弹簧丝直径 d	mm	0.5
弹簧圈中径 D	mm	3
弹簧有效匝数 n	—	8

4.2.1 SMA 弹簧特性仿真分析

4.2.1.1 加热逆相变过程仿真分析

图 4-2 所示为 SMA 弹簧加热逆相变特性仿真曲线。图 4-2(a)为加热过程中弹簧回复力 P 恒定时,其回复位移 X 与加热温度 T 之间的关系曲线,加热电流 $i=1$ A。由图可知:在加热初始阶段,当 SMA 弹簧温度低于该应力下的逆相变开始温度时,其回复位移随温度变化非常缓慢;当温度继续升高到逆相变开始温度时,SMA 弹簧开始发生 M→A 的逆相变,其位移回复速度快速增加;当温度高于该应力下的逆相变结束温度时,弹簧中绝大部分的马氏体相已经转变为奥氏体相状态,SMA 弹簧基本不再形变,位移保持在一个恒定稳态值。当回复力 $P=1.5$ N 时,稳态回复位移 $X=19.74$ mm,随着回复力的增大,稳态回复位移逐渐增加,同时逆相变临界温度的滞后性也逐渐增加。

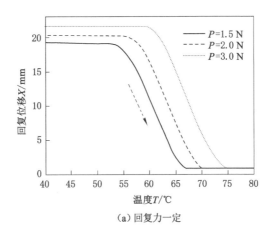

(a)回复力一定

图 4-2 SMA 弹簧加热逆相变特性仿真曲线

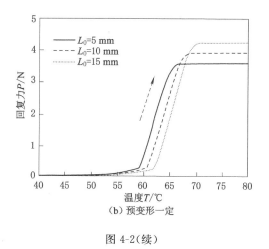

（b）预变形一定

图 4-2（续）

在室温 25 ℃环境下，一定的载荷力作用会使 SMA 弹簧产生塑性预变形，外力卸载后，加热使其产生相变回复，在非约束条件下，SMA 弹簧可以完全回复到塑性变形前的初始状态，当回复受到约束限制时，SMA 弹簧就会对约束物产生回复力，此时回复力的大小与预变形量和加热温度有关。图 4-2（b）所示为加热过程中，预变形 L_0 恒定时，SMA 弹簧在约束条件下产生的回复力 P 和加热温度 T 之间的关系曲线。由图可知：当温度达到相变开始温度时，弹簧产生的回复力快速增加；当温度升高到相变结束温度时，回复力达到最大，且保持不变。当预变形 $L_0 = 10$ mm 时，产生的稳态回复力 $P = 3.96$ N，且稳态回复力随着预变形量的增加而增大。

4.2.1.2 冷却正相变过程仿真分析

图 4-3 为 SMA 弹簧冷却正相变特性仿真曲线。图 4-3（a）为冷却过程中，回复力 P 恒定时，SMA 弹簧产生的回复位移 X 和温度 T 之间的关系曲线。由图可知：在冷却初始阶段，当温度高于该应力下的正相变开始温度时，回复位移随温度变化非常缓慢；随着温度继续降低到该应力下的正相变开始温度时，SMA 弹簧产生 A→M 的正相变，其位移回复速度快速增加；当温度低于该应力下的正相变结束温度时，弹簧中绝大部分的奥氏体相已经转变为马氏体相状态，弹簧回复位移保持在一个恒定值。随着回复力的增加，弹簧正相变临界温度的滞后性也逐渐增加。在相同回复力下，产生的稳态回复位移与加热逆相变过程中相同。

图 4-3（b）所示为冷却过程中预变形 L_0 恒定时，SMA 弹簧在约束条件下产生的回复力 P 与冷却温度 T 之间的关系曲线。由图可知：当温度降低到相变开始温度时，产生的回复力快速减小；当温度继续降低到相变结束温度时，回复力

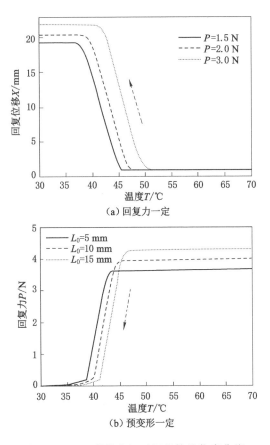

（a）回复力一定

（b）预变形一定

图 4-3　SMA 弹簧冷却正相变特性仿真曲线

降低为零且保持不变。相变过程的滞后性也随着预变形量的增加而增加。在相同预变形下，产生的稳态回复力与加热逆相变过程中相同。

由图 4-2 和图 4-3 可知，SMA 弹簧回复位移和回复力的变化在加热和冷却过程中是完全可逆的，呈现出良好的记忆效应。但在实际应用中，由于使用条件等因素会对元件的记忆效应产生一定的影响，从而导致上述过程之间存在一定的偏差。

4.2.2　SMA 驱动系统仿真分析

根据 SMA 驱动器数学模型可知，在 SMA 弹簧自身结构参数一定时，影响驱动器输出特性的主要变量为：采用的加热电流 i、SMA 弹簧预变形量 L_0 以及变色薄膜内微流道的结构参数。

通过 MATLAB/SIMULINK 数值仿真，分别对不同加热电流 i、不同预变

形量 L_0 及不同流道长度 l 条件下,逆相变和正相变过程中 SMA 驱动系统的输出特性进行仿真分析,仿真中,SMA 驱动系统微流道样本的参数见表 4-2。

表 4-2　SMA 驱动系统微流道样本

编号	结构参量				
	流道宽度 $w/\mu m$	流道深度 $h/\mu m$	流道间隔 $g/\mu m$	流道长度 l/mm	顶膜厚度 th/mm
1	500	100	200	390	3
2	500	100	200	630	3

4.2.2.1　加热电流不同

图 4-4 所示为采用不同电流 i 加热时,SMA 弹簧温度、马氏体含量、弹性模量以及系统输出位移的仿真结果,SMA 弹簧预变形量 $L_0 = 10$ mm,仿真所采用流道参数见表 4-2 中的样本 1。

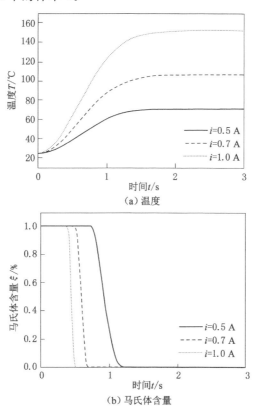

（a）温度

（b）马氏体含量

图 4-4　不同加热电流下系统逆相变特性曲线

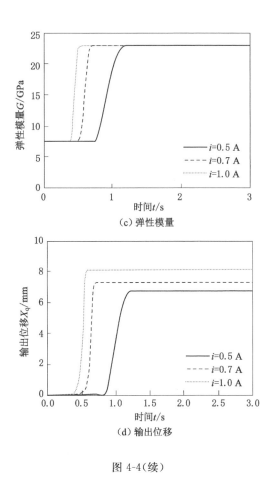

（c）弹性模量

（d）输出位移

图 4-4（续）

　　图 4-4（a）所示为不同加热电流下 SMA 弹簧温度变化仿真结果，由图可知：在加热初始阶段，弹簧温度迅速上升；随着弹簧温度的升高，弹簧与外界发生热交换的功率逐渐增大，因此其升温速度逐渐缓慢，当电加热功率和热交换功率相等时，弹簧温度趋于稳定。当加热电流 i 分别为 0.5 A 和 1.0 A 时，SMA 弹簧稳态温度分别为 70.8 ℃和 152.2 ℃。可见随着电流 i 的增大，SMA 弹簧的响应速度逐渐增大，稳态温度值也逐渐增大。图 4-4（b）和图 4-4（c）所示为不同加热电流下 SMA 弹簧内部马氏体含量和弹性模量变化的仿真结果。由图可知：当加热电流 i 分别为 0.5 A 和 1.0 A 时，SMA 弹簧达到相变临界温度 A_s 所需时间分别为 0.85 s 和 0.42 s。在加热逆相变过程中，当 SMA 弹簧温度低于相变开始温度时，其内部马氏体的含量及其弹性模量几乎保持不变；当温度高于相变开始温度后，二者均发生快速变化；而当温度高于相变结束温度后，则保持不变。同时由图可知，随着

电流 i 的增大,相变过程的滞后性和完成相变时间均逐渐减少。图 4-4(d) 所示为不同加热电流下系统的位移输出特性,由图可知,系统的位移变化与 SMA 弹簧特性参数变化规律相同,当电流 i 为 0.5 A 和 1 A 时,系统达到稳态所需时间分别为 1.20 s 和 0.57 s,稳态输出位移 X_q 分别为 6.76 mm 和 8.15 mm,因此系统输出响应的快速性和稳态输出位移均随着加热电流 i 的增大而增加。

图 4-5(a) 所示为不同加热电流下 SMA 弹簧温度变化仿真结果。由图可知:当加热电流 $i=0.4$ A 时,弹簧的稳态温度 $T=55.58$ ℃,略高于相变开始温度 A_s;当加热电流 $i<0.4$ A 时,弹簧稳态温度 T 均低于 A_s。因此 $i=0.4$ A 是发生相变过程的临界电流值。图 4-5(b) 所示为不同加热电流下系统的稳态输出位移,图中散点值为仿真计算结果,虚线为其二次多项式拟合曲线。由图可知,当加热电流 $i<0.4$ A 时,SMA 弹簧稳态温度 $T<A_s$,SMA 弹簧产生的形变量和回复力较小,因而驱动器稳态输出位移较小;当加热电流 $i \geqslant 0.4$ A 时,SMA 弹簧稳态温度 $T \geqslant A_s$,随着温度的升高,其弹性模量和回复力快速增加,因此驱动器的稳态输出位移也快速增加。

图 4-6 所示为采用不同电流 i 加热时,系统冷却发生正相变过程的特性曲线。由图可知,当电流 i 为 0.5 A 和 1.0 A 时,SMA 弹簧的冷却初始温度分别为 71.1 ℃ 和 152.2 ℃,达到相变临界温度 M_s 所需时间分别为 2.70 s 和 4.04 s,因此,与加热逆相变过程相比,完成冷却正相变过程需要较长的时间,且逆相变时采用的加热电流越大,冷却时初始温度越高,温度下降到正相变开始温度所需时间越长,相变过程的滞后性和系统的响应时间也逐渐增加。

4.2.2.2 预变形不同

图 4-7 所示为不同 SMA 弹簧预变形下系统逆相变特性仿真结果,加热电流 $i=0.6$ A,微流道结构参数见表 4-2 中样本 1。由图 4-7(a) 可知,电流 $i=0.6$ A 时,SMA 弹簧的稳态温度 $T=71.3$ ℃。由图 4-7(b)、(c) 可知,SMA 弹簧内部马氏体含量及其弹性模量的变化过程与前文中所论述变化过程相似,当 SMA 弹簧预变形量 L_0 分别为 8 mm 和 12 mm 时,系统达到稳态所需时间 t 分别为 1.06 s 和 1.71 s,稳态输出位移分别为 6.35 mm 和 8.26 mm,因此,相变过程的滞后性和系统稳态输出位移均随着弹簧预变形量的增加而逐渐增加。由于 SMA 弹簧受负载作用,驱动器稳态输出位移均小于 SMA 弹簧的预变形量。

图 4-8(a) 所示为不同 SMA 弹簧预变形下系统逆相变稳态输出位移仿真结果,由图可知,驱动器稳态输出位移与 SMA 弹簧预变形量之间为非线性关系,随着预变形量的增加,驱动器稳态输出位移逐渐增加。图 4-8(b) 所示为根据图 4-8(a) 中仿真结果,计算得到的不同预变形条件下 SMA 弹簧的回复率,由图可知,SMA 弹簧的回复率与其预变形量之间近似为线性关系。

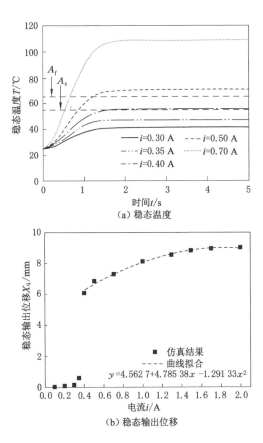

（a）稳态温度

（b）稳态输出位移

图 4-5　不同加热电流下系统逆相变稳态特性

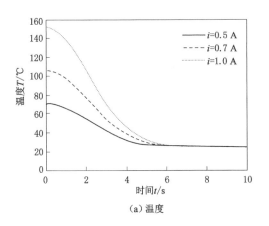

（a）温度

图 4-6　不同加热电流下系统正相变特性曲线

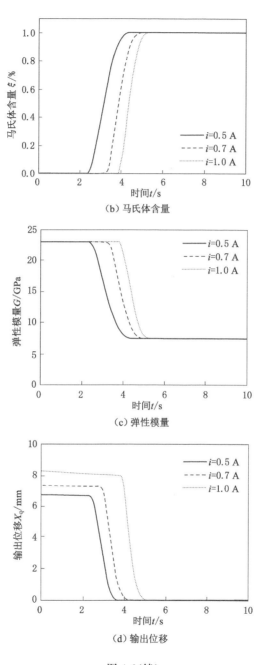

（b）马氏体含量

（c）弹性模量

（d）输出位移

图 4-6（续）

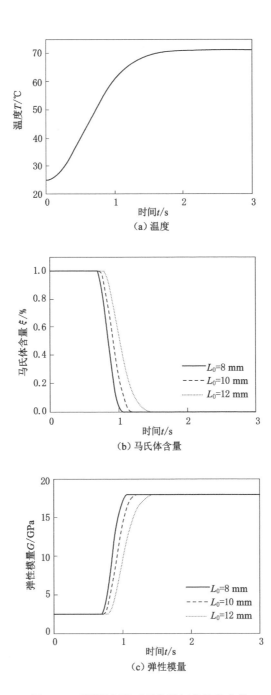

图 4-7　不同预变形下系统逆相变特性曲线

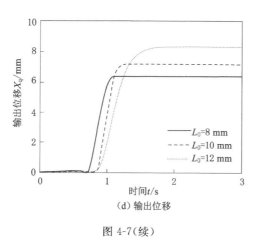

（d）输出位移

图 4-7（续）

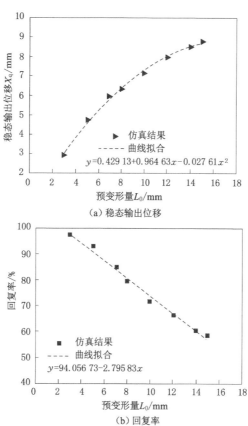

（a）稳态输出位移

（b）回复率

图 4-8 不同预变形下系统逆相变稳态输出特性

图 4-9 所示为关闭电源后,SMA 弹簧冷却产生正相变时系统输出特性仿真结果。由图可知,不同预变形量对 SMA 弹簧冷却过程中的温度变化无影响,逆相变阶段预变形量越大,驱动器在正相变阶段的初始位移越大。当预变形 L_0 分别为 8 mm 和 12 mm 时,系统达到稳态所需时间 t 分别为 3.83 s 和 4.25 s,因此,相变的滞后性和相变响应时间也逐渐增加。

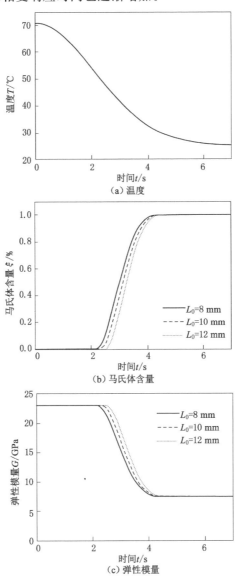

图 4-9　不同预变形下系统正相变特性曲线

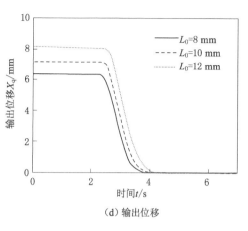

（d）输出位移

图 4-9（续）

4.2.2.3　流道长度不同

改变变色薄膜内微流道的长度会对 SMA 驱动器的输出特性产生影响，图 4-10 所示为流道长度 l 不同时，驱动器加热逆相变和冷却正相变过程输出特性仿真结果，仿真中，加热电流 $i=0.5$ A，SMA 弹簧预变形量 $L_0=10$ mm，变色薄膜内微流道结构参数见表 4-2 中的样本 1 和样本 2。由图可知，当流道长度 l 分别为 390 mm 和 630 mm 时，SMA 驱动器的稳态输出位移分别为 7.96 mm 和 6.75 mm，因此，随着流道长度的增加，微流道内液体的流动阻力逐渐增大，驱动器的稳态输出位移逐渐减小。

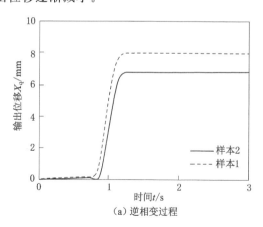

（a）逆相变过程

图 4-10　不同流道长度下系统输出特性曲线

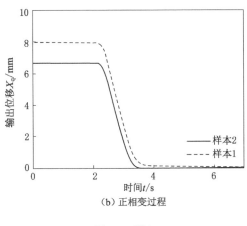

（b）正相变过程

图 4-10（续）

4.3 SMA 驱动变色微流控系统试验测试

4.3.1 SMA 弹簧试验测试

在回复力恒定和预变形恒定条件下,分别对加热逆相变过程和冷却正相变过程中 SMA 弹簧的记忆特性进行试验研究,验证理论分析和仿真结果的正确性。

4.3.1.1 回复力恒定

假设回复力恒定是研究 SMA 弹簧驱动特性的一种基本方法,通过该试验,可以获得 SMA 弹簧回复位移和加热温度之间的关系特性,试验中,采用 PT100 温度传感器(上海源诚仪表科技有限公司)测量 SMA 弹簧温度,试验装置如图 4-11 所示。试验步骤如下:首先,设 SMA 弹簧在自由状态时位移 $X = 0$,向下位移为正,在 SMA 弹簧一端施加一个恒定负载力,记录下初始平衡状态时弹簧的位移值;通入 $i = 1$ A 的直流电对 SMA 弹簧进行加热,每隔 3 s 记录一次弹簧温度值和对应的回复位移值,当回复位移达到最大时,断开电源;改变负载大小,重复上述步骤。

图 4-12 所示为回复力 $P = 1.5$ N 时,SMA 弹簧温度和对应回复位移之间的关系曲线,图中散点图为相同条件下三次试验结果的平均值,曲线为仿真结果。由图可知,当弹簧温度达到相变临界温度 A_s 时,其位移回复速度快速变化,而在达到相变临界温度之前和高于相变临界温度后,则基本不产生形变,试验所测得的稳态回复位移 $X = 20.6$ mm,试验结果和仿真结果基本吻合。

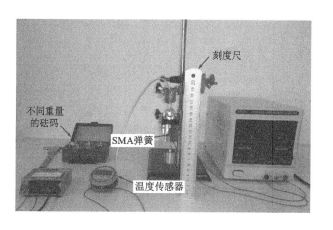

图 4-11　回复力恒定时 SMA 弹簧位移-温度关系特性试验测试装置

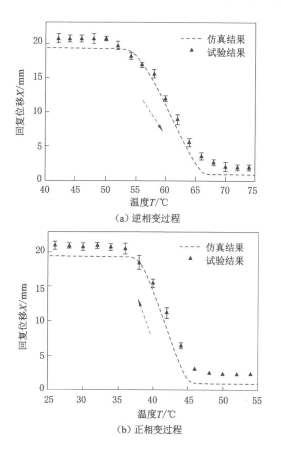

图 4-12　回复力恒定时 SMA 弹簧位移-温度关系特性曲线

4.3.1.2 预变形恒定

SMA 弹簧在马氏体状态下产生塑性形变后,当温度高于 A_s 时,在无约束状态下会产生由马氏体向奥氏体的逆相变,形状回复,当 SMA 弹簧在加热回复过程中受到约束时,约束会阻止其形状回复,因此弹簧会对约束物产生一定的回复力,且预变形和加热温度不同,SMA 弹簧所产生的回复力也不同。试验中设定 SMA 弹簧的预变形恒定,在此条件下测量弹簧回复力和加热温度之间的关系。试验步骤如下:首先,将 SMA 弹簧一端沿轴向拉伸 10 mm 并与试验台底座相固定;然后,接通电源,调节电流值为 1 A,每隔 3 s 记录一次弹簧温度值和对应产生的回复力值,当回复力达到最大时,断开电源;最后,改变 SMA 弹簧预变形量的大小,重复上述步骤。

图 4-13 所示为预变形 $L_0 = 10$ mm 恒定时,SMA 弹簧温度和对应回复力之间的关系曲线,图中散点图为相同条件下三次试验结果的平均值,曲线为仿真结果。由图可知,加热逆相变过程中,试验所测得 SMA 弹簧的最大回复力 $P = 4.3$ N,回复力的变化过程与仿真结果基本吻合,在冷却正相变结束后,SMA 弹簧的回复力 $P = 0.4$ N,没有回复到零,与仿真结果存在一定的误差。分析其原因主要包括:SMA 弹簧在加热过程中,产生回复力较大,温度较高,使得 SMA 弹簧的记忆特性受损;试验所购买的商用 SMA 弹簧记忆特性不完全;等等。因此,在实际使用过程中,SMA 弹簧的预变形量和加热温度不应超过安全范围,以保证其响应的可靠性。

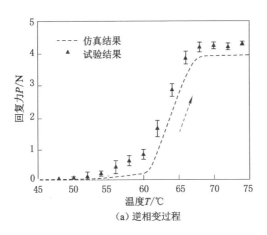

（a）逆相变过程

图 4-13　恒定预变形时 SMA 弹簧回复力-温度关系特性曲线

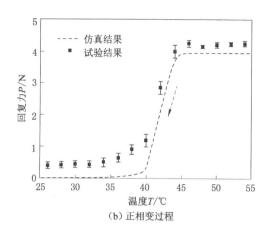

（b）正相变过程

图 4-13（续）

4.3.2　SMA 驱动系统试验测试

由 SMA 驱动微流控变色系统仿真研究可知，系统输出特性受到不同初始参数的影响，主要包括加热电流值、SMA 弹簧预变形量以及变色薄膜内微流道的结构参数。图 4-14 所示为测试不同参数条件下 SMA 驱动微流控变色系统位移输出特性试验原理图。

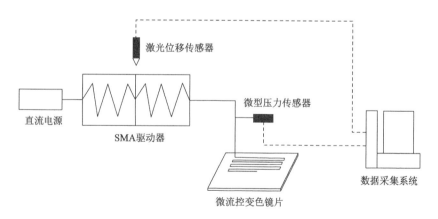

图 4-14　SMA 驱动微流控变色系统位移输出特性试验测试原理

试验中，使用激光位移传感器 LK-G5000（Keyence Corp.）测量 SMA 驱动器中活塞位移的变化，使用微型压力传感器 40PC015G2A（Honeywell Corp.）观测流道入口压力的变化，微流道样本参数见表 4-2。

4.3.2.1 加热电流不同

由系统仿真分析可知,SMA 弹簧温度在加热初期迅速增加,当电加热功率与外界热交换功率相等时,温度趋于稳定,随着加热电流 i 的增大,SMA 弹簧升温速度和稳态温度均有较大幅度的增加,达到相变临界温度所需时间逐渐减小,因此,系统输出响应的快速性有所提高,稳态输出位移也逐渐增加。

图 4-15 所示为采用不同电流加热时,SMA 弹簧温度和系统输出位移随时间变化的试验结果,弹簧预变形 $L_0 = 10$ mm,变色薄膜内微流道的结构参数见表 4-2 中样本 1。由图可知,当加热电流 $i = 0.5$ A 时,试验测得弹簧的稳态温度 $T = 64.4$ ℃,系统达到稳态所需时间 $t = 1.22$ s,稳态输出位移 $X_q = 6.4$ mm,与仿真结果基本吻合,但二者之间存在一定的误差。分析其主要原因包括:仿真中,忽略了导向管的质量、SMA 弹簧与导向管之间的摩擦力以及活塞与驱动腔之间的摩擦力;试验中,元件实际参数值与仿真参数选取值之间存在一定偏差。

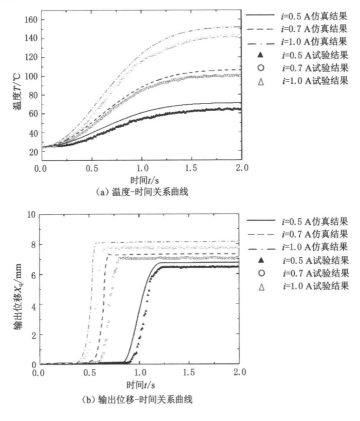

(a) 温度-时间关系曲线

(b) 输出位移-时间关系曲线

图 4-15 不同电流时系统加热过程位移输出特性曲线

由理论和仿真分析可知:当加热电流 $i<0.4$ A 时,SMA 弹簧的稳态温度 $T<A_s$,驱动器稳态输出位移较小;当加热电流 $i\geqslant0.4$ A 时,SMA 弹簧的稳态温度高于相变临界温度,系统稳态输出位移大幅度增加。图 4-16 所示为不同电流加热时系统稳态输出位移试验测试结果,图中:不带误差线的散点图为仿真计算结果;带误差线的散点图为试验测试结果;曲线为加热电流 $i\geqslant0.4$ A 时,根据仿真和试验结果所得稳态输出位移与加热电流的拟合关系曲线。由图可知,稳态输出位移随加热电流的增大其线性度有所改善,试验结果验证了仿真计算结果的正确性。实际应用中,加热电流不宜过大,以免损害 SMA 弹簧的记忆特性和使用寿命,降低系统重复工作的可靠性。

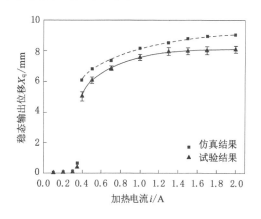

图 4-16　不同电流时系统加热过程稳态输出位移

图 4-17 所示为冷却过程中,SMA 弹簧温度和系统输出位移随时间变化的试验测试结果。由图可知,当加热电流 $i=0.5$ A 时,SMA 弹簧冷却初始温度 $T_0=64.4$ ℃,达到稳态所需时间 $t=3.84$ s,与仿真结果基本吻合,当采用较大加热电流时,系统冷却过程的初始温度较高,因此 SMA 弹簧温度下降到相变临界温度所需时间越长,系统响应的快速性越低。同时,试验测得 SMA 弹簧的冷却速度略低于仿真结果,从而导致系统实际位移输出存在一定的滞后性。分析其主要原因为:试验中采用的是自然换热方式,弹簧的冷却速度较慢,实际环境热力学参数值与仿真参数选取值之间存在一定的偏差。

由图 4-16 和图 4-17 的试验结果可知:当 SMA 驱动系统采用 0.5 A 电流加热时,完成一次循环变色过程(连续完成一次逆相变和一次正相变过程)所需时间约为 5.06 s,当采用 3.0 V 锂锰纽扣电池作为供电电源时,电池容量约为 240 mA·h,可以持续工作 1 728 s,完成约 341 次循环变色;当采用 1.0 A 电流加热时,系统完成一次循环变色过程所需时间约为 5.78 s,当采用 3.0 V 锂锰纽

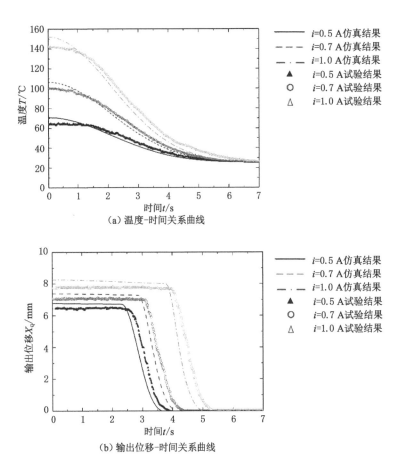

(a) 温度-时间关系曲线

(b) 输出位移-时间关系曲线

图 4-17　不同电流时系统冷却过程位移输出特性曲线

扣电池供电时,可以完成约 149 次循环变色。

4.3.2.2　预变形不同

　　SMA 弹簧的预变形量会对系统位移输出特性产生直接影响,图 4-18 所示为不同弹簧预变形下,逆相变和正相变过程中系统输出位移随时间变化的试验测试结果,加热电流 $i=0.6$ A,变色薄膜内微流道的结构参数见表 4-2 中样本 1。由图可知,当 SMA 弹簧预变形 $L_0=8$ mm 时,系统在加热和冷却过程中达到稳态所需的时间 t 分别为 1.20 s 和 3.96 s,稳态输出位移 $X_q=5.9$ mm,随着预变形量的增大,系统的稳态输出位移逐渐增加,位移输出的延迟性也随着预变形量的增大而增加,与仿真结果基本吻合。

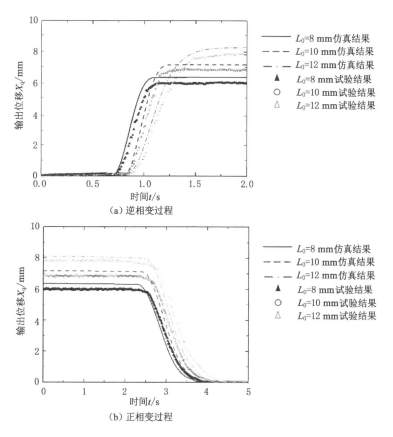

（a）逆相变过程

（b）正相变过程

图 4-18　不同预变形时系统位移输出特性曲线

图 4-19 所示为不同预变形下系统稳态输出特性，图中实线为试验结果拟合曲线，虚线是仿真结果拟合曲线。由图 4-19（a）可知，系统稳态输出位移随着 SMA 弹簧预变形量的增加呈非线性增加，试验结果和仿真结果相似。由图 4-19（b）可知，SMA 弹簧最终的回复率随着弹簧丝直径的增加呈非线性降低，因此，在实际应用中，SMA 弹簧丝直径不宜过大，以提高弹簧的回复率，改善系统的响应特性。

4.3.2.3　流道长度不同

　　图 4-20 所示为变色薄膜内微流道长度不同时，逆相变过程和正相变过程中系统位移输出特性测试结果。试验中，加热电流 $i=0.5$ A，SMA 弹簧预变形量 $L_0=10$ mm，微流道的结构参数见表 4-2 中样本 1 和 2。由图可知，当流道长度 l 分别为 390 mm 和 630 mm 时，试验测得系统稳态输出位移分别为 7.64 mm 和 6.45 mm，与仿真结果基本吻合。

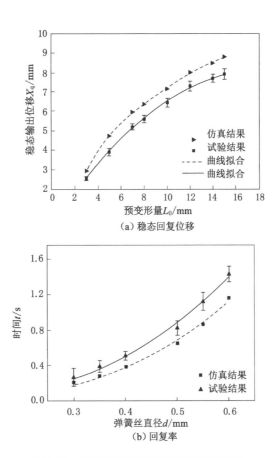

图 4-19　不同预变形时系统稳态输出特性

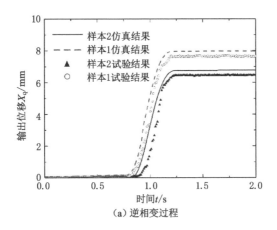

图 4-20　不同流道长度时系统位移输出特性

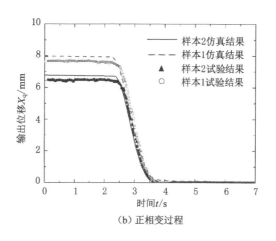

（b）正相变过程

图 4-20（续）

4.4　SMA 驱动变色微流控系统关键参数多目标优化

本节以 SMA 弹簧丝直径 d、SMA 弹簧有效匝数 n 和加热电流 i 为优化设计变量，以系统能耗、SMA 弹簧回复力和系统响应特性为优化目标，建立多目标优化数学模型，选择 NSGA-Ⅱ非支配排序遗传算法，在 ISIGHT 优化平台下，联合 MATLAB/SIMULINK 进行仿真计算。多目标优化中，各个目标之间存在一定的矛盾关系，因此计算得到系统性能相对最优的 Pareto 解集，并选取部分最优解进行试验验证。

4.4.1　系统关键参数

4.4.1.1　SMA 弹簧丝直径

根据 SMA 驱动器的热力学模型可知，采用相同加热电流，对相同匝数、不同弹簧丝直径的 SMA 弹簧加热时，SMA 弹簧温度上升的速度不同，一般弹簧丝直径越大，其温度上升速度越慢。通过仿真和试验研究了当加热电流 $i = 0.6$ A、弹簧匝数 $n = 8$ 时，不同弹簧丝直径 d 条件下，SMA 弹簧温度上升至逆相变开始温度 $A_s = 55\ ℃$ 时所需的时间 t，以此来衡量系统的响应速度，图 4-21 所示为该条件下的仿真和试验结果。图中散点图为相同条件下三次试验结果的平均值，实线为试验结果拟合曲线，虚线为仿真结果拟合曲线。由图可知，系统响应速度与 SMA 弹簧丝直径 d 之间为非线性关系，当直径 d 分别为 0.3 mm 和 0.5 mm时，响应时间 t 分别为 0.27 s 和 0.82 s，因此，随着直径 d 的增大，系统响应时间

t 逐渐增加,系统响应速度逐渐降低。由于试验条件下的热力学参数与仿真参数值之间存在偏差,使得试验结果存在一定的误差。

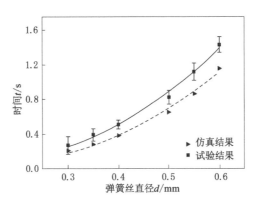

图 4-21 不同 SMA 弹簧丝直径时系统响应特性

根据 SMA 驱动器动力学模型可知,采用相同大小的电流,对相同匝数、不同弹簧丝直径的 SMA 弹簧加热时,SMA 弹簧所产生的回复力也不相同,一般弹簧丝直径越大,其产生的回复力越大。通过仿真和试验研究了加热电流 $i=0.6$ A、弹簧匝数 $n=8$、预变形量 $L_0=10$ mm 时,不同弹簧丝直径的 SMA 弹簧在加热过程中所产生的最大回复力 P,图 4-22 所示为该条件下的仿真和试验结果。图中实线为试验结果拟合曲线,虚线为仿真结果拟合曲线。由图可知,SMA 弹簧产生的最大回复力 P 与 SMA 弹簧丝直径 d 之间近似为线性关系,当直径 d 分别为 0.3 mm 和 0.5 mm 时,最大回复力 P 分别为 2.25 N 和 4.05 N,随着直径 d 的增加回复力 P 逐渐增大,试验结果与仿真结果基本吻合。

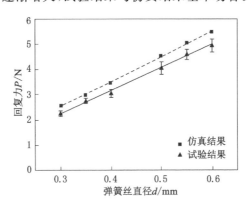

图 4-22 不同弹簧丝直径 SMA 弹簧产生的最大回复力

4.4.1.2 SMA 弹簧有效匝数

根据 SMA 驱动器热力学模型可知,采用相同大小的电流,对相同弹簧丝直径、不同匝数的 SMA 弹簧加热时,SMA 弹簧温度上升的速度不相同,一般弹簧匝数越多,其阻值越大,温度上升速度越快。通过仿真和试验研究了当加热电流 $i=0.6$ A、弹簧丝直径 $d=0.5$ mm 时,不同匝数的 SMA 弹簧温度上升至逆相变开始温度 $A_s=55$ ℃时所需的时间 t,以此来衡量系统的响应速度,图 4-23 所示为该条件下的仿真和试验结果。图中实线为试验结果拟合曲线,虚线为仿真结果拟合曲线。由图可知,系统的响应时间 t 与 SMA 弹簧匝数 n 之间为非线性关系,当匝数 n 分别为 8 匝和 14 匝时,系统的响应时间 t 分别为 1.17 s 和 0.81 s,可见随着 SMA 弹簧匝数 n 的增大,所需响应时间 t 逐渐减少,系统响应速度逐渐增加,试验结果和仿真结果基本吻合。

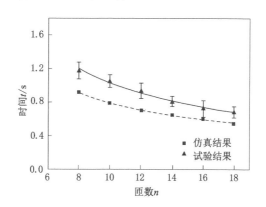

图 4-23　不同 SMA 弹簧匝数时系统响应特性

由 SMA 驱动器动力学模型可知,采用相同大小的电流,对相同弹簧丝直径、不同匝数的 SMA 弹簧加热时,SMA 弹簧所产生的回复力也不相同,一般弹簧匝数越多,其产生的回复力越小。通过仿真和试验研究了当加热电流 $i=0.8$ A、弹簧丝直径 $d=0.5$ mm、预变形量 $L_0=10$ mm 时,不同匝数的 SMA 弹簧在加热过程中产生的最大回复力 P,结果如图 4-24 所示。由图可知,SMA 弹簧的最大回复力 P 与 SMA 弹簧匝数 n 之间为非线性关系,当弹簧匝数 n 分别为 8 匝和 14 匝时,最大回复力 P 分别为 3.90 N 和 1.85 N,可见随着弹簧匝数 n 的增多,SMA 弹簧产生的最大回复力 P 逐渐减小,与仿真结果相吻合。

4.4.1.3 加热电流

根据 SMA 驱动器热力学模型可知,采用不同大小的电流,对相同弹簧丝直径、相同匝数的 SMA 弹簧加热时,SMA 弹簧温度变化速度不同,一般加热电流

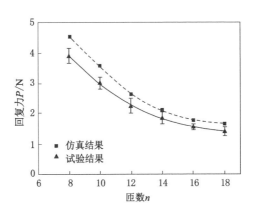

图 4-24　不同匝数 SMA 弹簧产生的最大回复力

越大,其温度升高越快,达到相变临界温度所需时间越短,系统响应速度也越快。通过仿真和试验研究了当弹簧丝直径 $d=0.5$ mm、弹簧匝数 $n=8$,采用不同加热电流 i 时,SMA 弹簧温度上升至逆相变开始温度 $A_s=55$ ℃时所需的时间 t,结果如图 4-25 所示。由图可知,系统响应时间和加热电流之间为非线性关系,当加热电流 i 分别为 0.6 A 和 1.0 A 时,系统响应时间 t 分别为 1.24 s 和 0.58 s,可见随着加热电流 i 的增大,系统响应时间 t 逐渐减小,响应速度逐渐增加。但实际应用中,电流增加的同时,也会增加整个系统的能耗。但系统的加热电流不宜过大,否则会因温度过高而损害 SMA 弹簧的记忆效应,从而影响其使用寿命和系统整体的可靠性。

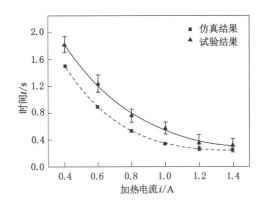

图 4-25　不同加热电流时系统响应特性

由上述仿真和试验分析结果可知：SMA 弹簧丝直径 d 对系统响应时间 t 和弹簧回复力 P 的影响呈相反趋势,减小弹簧丝直径 d 可以减少系统响应时间 t,提升响应速度,但 SMA 弹簧产生的回复力 P 也会逐渐减小;反之,增大弹簧丝直径 d 可以提高回复力 P,但会降低系统的响应速度。增加 SMA 弹簧有效匝数 n,可以提高系统的响应速度,但会减小回复力 P,同时也会增加 SMA 弹簧质量,使系统能耗增加。增大系统加热电流 i,可以快速提高系统的响应速度,但同时也会增加系统耗能量,降低 SMA 弹簧的使用寿命和系统可靠性。因此,需要综合考虑系统性能要求,选取最优参数值。

4.4.2　系统多目标优化数学模型

根据上述仿真和试验结果,以 SMA 弹簧丝直径 d、SMA 弹簧有效匝数 n 和加热电流 i 为优化设计变量,结合实际应用,设定各个优化变量的边界条件,以系统能耗、SMA 弹簧回复力和系统响应特性为优化目标,建立多目标优化数学模型。

4.4.2.1　优化设计变量及边界条件

结合实际制作过程和应用情况,各优化设计变量 $[d,n,i]$ 边界条件的设定方法如下:

SMA 驱动腔的内径约为 8 mm,SMA 弹簧指数 $C=6$,考虑制作材料的特性,设定 SMA 弹簧丝直径 d 的边界条件为:

$$0.1 < d < 1 \tag{4-38}$$

考虑 SMA 驱动器的制作过程以及 SMA 弹簧制造商提供的参数,设定 SMA 弹簧有效匝数 n 的边界条件为:

$$3 \leqslant n \leqslant 22 \tag{4-39}$$

由第 3 章可知,当电流 $i < 0.4$ A 时,SMA 弹簧加热逆相变结束时的稳态温度 $T < A_s$,不能满足使用需求,同时考虑系统能耗和 SMA 弹簧的使用寿命,设定加热电流 i 的边界条件为:

$$0.4 \leqslant i \leqslant 1.5 \tag{4-40}$$

4.4.2.2　多目标优化函数

（1）能耗最低

由驱动结构及工作原理可知,系统产生的能耗主要由回路中的 SMA 弹簧、电源及回路电阻产生,系统单位时间内的能耗 E 可以表示为:

$$E = E_{SMA} + E_R = i^2(R_{SMA} + R_R) \tag{4-41}$$

式中　E_{SMA}——单位时间内 SMA 弹簧产生的能耗,J;

E_R——单位时间内电源及回路电阻产生的能耗，J；

R_R——电源及回路电阻，Ω。

（2）回复力最大

根据 SMA 弹簧动力学模型可知，SMA 弹簧产生的回复力 P 可用式（4-19）表示。

（3）响应速度最快

加热过程中，SMA 驱动器的响应特性主要取决于弹簧温度的上升速度，冷却过程中，在相变温度和外界环境相同的条件下，SMA 驱动器的冷却时间可近似认为相同。根据 SMA 驱动器热力学模型可得，加热过程中 SMA 弹簧温度斜率 $\dot{T}$（℃/s）可以表示为：

$$\dot{T} = \frac{T_f}{\tau_1} e^{-t/\tau_1} \tag{4-42}$$

其中，$\dot{T}$ 值越大，表示驱动系统响应能力越强。

综上分析可得，基于系统能耗、SMA 弹簧回复力和系统响应特性的系统多目标优化函数模型可以表示为：

$$\begin{cases} \min E = f_1(d,n,i) \\ \max P = f_2(d,n,i) \\ \max \dot{T} = f_3(d,n,i) \end{cases} \tag{4-43}$$

4.4.3 NSGA-Ⅱ非支配排序多目标优化算法

ISIGHT 软件是一种优秀的综合性计算机辅助工程（CAE）软件之一，通过一种搭积木的方式快速耦合各种仿真软件，将设计流程、优化算法、近似模型组织到一个统一的框架中，自动运行仿真软件，消除了传统设计流程中的"瓶颈"，使整个设计流程实现全数字化和全自动化。同时，ISIGHT 软件具有丰富的优化算法和多种代理模型方法，能够为航空、航天、汽车、兵器、船舶、电子、动力、机械、教育研究等领域提供过程集成、设计优化和可靠性稳健设计的综合解决方案。这里，在 ISIGHT 优化平台下，联合 MATLAB/SIMULINK 仿真软件，建立系统多目标优化数学模型[39]，选择 NSGA-Ⅱ非支配排序遗传算法进行寻优搜索，求解策略如图 4-26 所示。

非支配排序遗传算法（NSGA）是一种基于 Pareto 最优解的遗传算法，与基本遗传算法的主要区别在于：该算法根据个体之间的支配关系对选择算子进行了分层，优化目标个数可以任选，非劣最优解分布均匀，并允许存在多个不同的等价解，但该算法复杂程度较高，为 $O(mN^3)$（m 为目标函数个数，N 为种群大

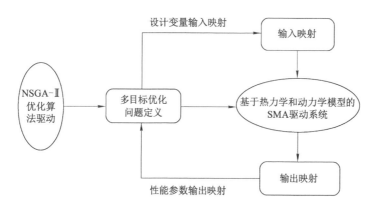

图 4-26　系统 ISIGHT 多目标优化求解策略

小),且缺乏精英策略[40-41]。NSGA-Ⅱ算法是 Deb 等在 2000 年对上述算法进行了改进,引入了精英策略,算法流程如图 4-27 所示。将父代种群 P_t 与新产生的种群 Q_t 合并组成 R_t,然后对 R_t 进行非支配排序操作,产生非支配解集 $\boldsymbol{Z} = (Z_1,$ $Z_2,\cdots)$,Z_1 是 R_t 中最好的,依次排序并放入新的父代种群 P_{t+1} 使 P_{t+1} 中的个体数目达到上限 N,R_t 中剩下的个体则舍弃。该算法的主要优点是:引入了非支配排序机制,降低了算法的复杂度,为 $O(mN^2)$,提升了运算速度;引入了拥挤度评估机制替代了人工设定共享参数,保证了种群的多样性,实现了全局寻优;下一代种群的产生采用父代种群和子代种群共同竞争的策略,增加了采样空间,且保证了在进化过程中不丢失某些优良种群的个体,提高了计算结果的精度[42-43]。

4.4.4　优化结果

选择 NSGA-Ⅱ非支配排序遗传算法,选取种群数量为 20,遗传代数为 20,交叉概率为 0.9,交叉分布因子和突变分布因子分别取 10 和 20,其他参数取默认值,温度斜率测试时间点 $t = 0.5$ s,迭代次数为 401 次,共得到 54 组 Pareto 最优解。图 4-28 所示为任意两个优化目标之间的二维 Pareto 最优解集,图中散点图为 Pareto 最优解,曲线为最优解拟合曲线。由图可知:通过优化系统参数使 SMA 弹簧温度斜率增加,系统响应速度加快时,系统的能耗 E 也逐渐增加[图 4-28(a)];增大 SMA 弹簧的回复力,也会增加系统的能耗[图 4-28(b)];而提高系统的响应速度,则会降低 SMA 弹簧产生的回复力[图 4-28(c)],与仿真和试验结果相吻合。

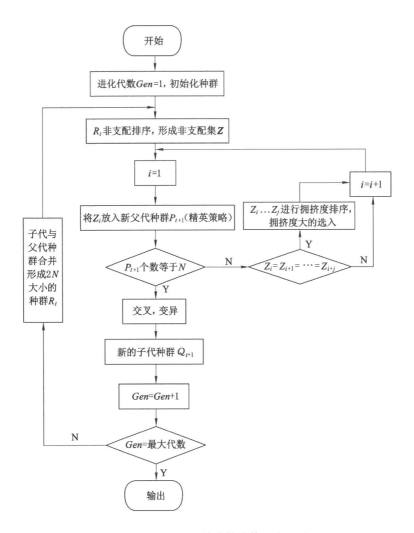

图 4-27 NSGA-Ⅱ精英策略算法流程图

图 4-29 所示为优化目标之间的三维 Pareto 最优解集,图中:A 点参数值 $(\dot{E},\dot{P},\dot{T})=(1.01,2.18,58.99)$,代表系统的响应速度较快,但 SMA 弹簧产生的回复力较小且能耗较高;B 点参数值 $(\dot{E},\dot{P},\dot{T})=(0.84,2.51,40.60)$,代表系统的回复力较大,但响应速度较慢;$C$ 点参数值 $(\dot{E},\dot{P},\dot{T})=(0.92,2.35,48.14)$,为权衡各目标之后的妥协解,系统具有较高的综合性能。决策者可以根据实际需求,综合权衡各目标之间的利弊,在 Pareto 最优解集中选择合适的最优解。

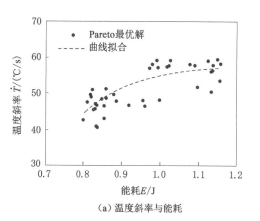

（a）温度斜率与能耗

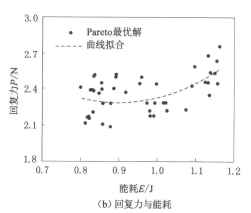

（b）回复力与能耗

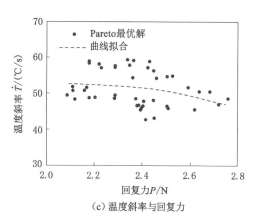

（c）温度斜率与回复力

图 4-28　优化目标之间二维 Pareto 最优解集

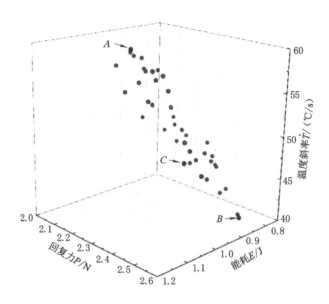

图 4-29　优化目标之间三维 Pareto 最优解集

图 4-30 所示为各设计变量及优化目标之间的 Pareto 相关性图,图中相关性值采用百分制表示,位于 0～100 之间,其数值越大,表示二者的相关性越强,深灰色表示正相关,浅灰色表示负相关。由图可知:能耗 E 和温度斜率 $\dot{T}$ 之间为正相关,即随着响应速度的增大,系统的能耗也逐渐增加;能耗 E 和回复力 P 之间为正相关,即随着回复力的增大,能耗也逐渐增加;温度斜率 $\dot{T}$ 和输出力 F 之间为负相关,即随着输出力的增加,系统响应速度逐渐减小。同时由图可知:随着加热电流 i 的增加,系统响应速度有较大提高,但能耗也大大增加;随着 SMA 弹簧丝直径 d 的增大,回复力大幅增加,能耗降低,而系统响应速度显著减小;随着 SMA 弹簧匝数 n 的增多,系统响应速度有所提高,但回复力大大减小,与前面所述仿真和试验结果相吻合。

4.4.5　参数优化试验测试

分别选取优化后的 6 组 Pareto 最优解决方案,在对应的参数条件下,通过相关试验研究获取试验测试结果,以验证上述优化结果的有效性。由于利用试验方法直接测试系统耗能量存在一定的难度,因此本章主要测试 SMA 弹簧产生的回复力 P 及其温度斜率 $\dot{T}$,测试结果见表 4-3。

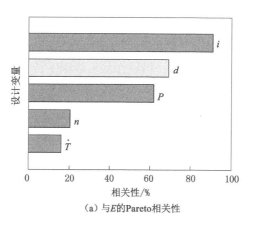

（a）与E的Pareto相关性

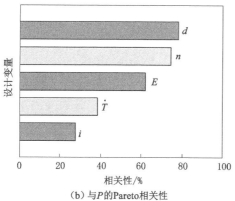

（b）与P的Pareto相关性

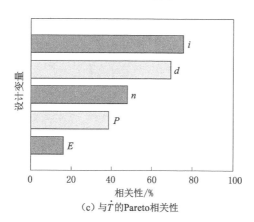

（c）与$\dot{T}$的Pareto相关性

图 4-30　各设计变量及优化目标之间的 Pareto 相关性

表 4-3 部分 Pareto 最优解试验测试结果

序号	d/mm	n	i/A	P/N			$\dot{T}$/(℃/s)		
				优化值	试验值	精度/%	优化值	试验值	精度/%
1	0.490 7	15	0.888 7	2.109 3	1.85	87.71	51.017 4	46.32	90.79
2	0.500 3	12	0.934 9	2.413 8	2.25	93.07	42.614 3	40.15	94.21
3	0.496	10	1.059 7	2.682 8	2.35	87.60	46.757 1	41.83	89.46
4	0.608 3	12	1.142 6	2.718 8	2.45	90.11	35.426 4	31.86	89.93
5	0.609 1	12	1.219 9	2.749 5	2.55	92.74	38.288 4	34.91	91.18
6	0.608 6	14	1.043 6	2.547 9	2.30	90.27	36.745 3	31.74	86.38

由表 4-3 可知，SMA 弹簧最大回复力 P 的最高预测精度为 93.07%，最低预测精度为 87.60%，平均预测精度为 90.25%；SMA 弹簧温度斜率 $\dot{T}$ 的最高预测精度为 94.21%，最低预测精度为 86.38%，平均预测精度为 90.33%。优化结果与试验结果对比如图 4-31 所示。由上述试验结果可知，多目标优化结果可靠性较高，可用于实际应用的参考和指导。

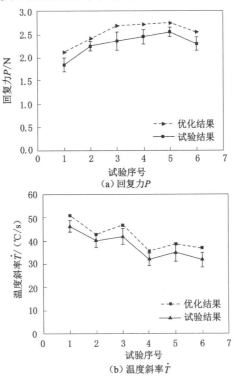

图 4-31 优化结果与试验结果对比图

第5章 变色微流控系统制备工艺

变色微流控系统的制备首先要选择材料,常用的材料主要有硅、石英、玻璃、高分子聚合物(如 PDMS、PMMA 等)以及一些新型材料(如陶瓷、纸基等)等,其中 PDMS 具有良好的物理化学特性,应用比较广泛。

不同材料进行微加工所选用的方法有所不同,硅、石英、玻璃等材料主要采用传统的光刻工艺进行微加工,但加工工艺比较复杂,成本较高。近年来,出现了多种微加工方法,如热压法、LIGA 技术、软刻蚀技术等。其中,软刻蚀技术采用"柔软的"有机分子来替代通常用于微电子器件的无机"硬"材料,使用弹性体印章(或模具)来将图案转移到基底上,无须复杂的设备和特殊的环境,可以便利、廉价地构建纳米结构,也可以构建复杂的三维微结构,对微结构的表面性质可以很好地控制,适用的材料广泛。这些优点使得软刻蚀技术成为一种十分适用于构建生物芯片的微纳加工技术。

5.1 微流控芯片材料及加工方法

5.1.1 微流控芯片材料

选择正确的材料是加工微流控芯片的第一步,也是关键的一步。在过去几十年里,随着材料科学的发展,各种材料被应用到微流体技术中。

5.1.1.1 硅质材料

在半导体工业微制造技术的启发下,第一代微流控芯片主要是使用二氧化硅或玻璃等硅质材料制备的。最早在 20 世纪 70 年代,S. C. Terry 等设计的微型气体色谱分析系统就是将整个结构集成在硅材料芯片上,形成了一套比较完整的微型全分析系统。

二氧化硅和玻璃由于其耐有机溶剂、易在金属沉积、高导热系数和稳定的电渗透迁移率逐渐被广泛使用。采用这些材料时,基底上的微结构通常采用标准光刻技术处理。然而,二氧化硅和玻璃也有一些自身的缺陷,包括:硬度高,微加工成本高;加工过程中涉及危险化学品,需要配备相应的保护设施;芯片各结构之间较难黏合(通常需要高温、高压和超级清洁的环境等);不透气使得其不能用于长期细胞培养等。这些缺陷大大限制了它们在微流体中的广泛应用。

5.1.1.2　高聚物材料

高聚物材料又称高分子材料,是以高分子化合物为主要成分,与各种添加剂配合,经加工而成的有机合成材料。高聚物材料种类多,加工成型方便,价格便宜,同时还具有良好的光学性质、化学惰性、电绝缘性和热性能等,使其在微流控芯片领域的应用具有得天独厚的优势。

用于制作微流控芯片的高聚物材料大致可分为三类:热塑性聚合物、固化型聚合物和溶剂挥发型聚合物。聚合物大分子之间以物理力聚合而成,加热时可熔融,并能溶于适当溶剂中。热塑性聚合物受热时可塑化,冷却时则固化成型,并且可以如此反复进行。热塑性聚合物有聚酰亚胺(PI)、PMMA、聚碳酸酯(PC)、聚对苯二甲酸乙二醇酯(PET)等;固化型聚合物有 PDMS、环氧树脂和聚氨酯等,将它们与固化剂混合后,经过一段时间固化变硬后得到微流控芯片。溶剂挥发型聚合物有丙烯酸、橡胶和氟塑料等,将它们溶于适当的溶剂后,经过缓慢的挥发而得到微流控芯片。表 5-1 为部分常用微流控材料及性能参数。

表 5-1　部分常用微流控材料及性能参数

性能参数	硅	玻璃	石英	PMMA	PC	PS	PDMS
化学惰性	一般	好	好	较好	较好	较好	较好
机械强度	一般	好	好	较好	较好	较好	一般
生物相溶性	差	差	差	好	好	好	好
介电强度/(kV/mm)	11.7	3.7~6.5	4.3	3.5~4.5	2.5~2.7	0.13	3.0~3.5
光学透光性	差	好	好	好	好	好	好
成型性能	较难	较难	难	易	易	易	易
键合性能	较难	较难	难	较易	较易	较易	易

PDMS 作为一种高分子有机聚合物,主链是硅-氧-硅的分子结构,在性能方面具有显著的优势,如成本低,使用简单,同硅片之间具有良好的黏附性,良好的化学惰性,可以形成足够稳定的温度梯度,便于反应的实现。除此之外,由于其对可见光与紫外光的穿透性,使得其得以与多种光学检测器实现联用。更重要的是,在细胞试验中,由于 PDMS 的无毒特征以及透气性,与其他聚合物材料相比有着不可替代的地位,成为一种广泛应用于微流控芯片领域的聚合物材料,在生物微机电中的微流道系统、填缝剂、润滑剂、隐形眼镜等领域应用极为广泛。

5.1.1.3 其他材料

陶瓷材料易碎、透光性不好,但耐高温,有较高的抗压强度,采用软刻蚀或激光加工可制出微通道,适合在极限恶劣条件下使用,如航空、太空试验和极地考察等。

纸基微流控芯片是近些年发展起来的一种新型材料微流控芯片,纸基材料具有生物兼容性好、成本低、后处理简单、检测背景低、无污染等优点。通过特殊的加工技术,对纸基材料表面特定的检测区进行修饰,制备出具有一定结构的亲/疏水微细通道,进而控制流体的运动,构建"纸上微型实验室",得到越来越广泛的应用。图 5-1 为两种不同功能的纸基微流控芯片[44]。

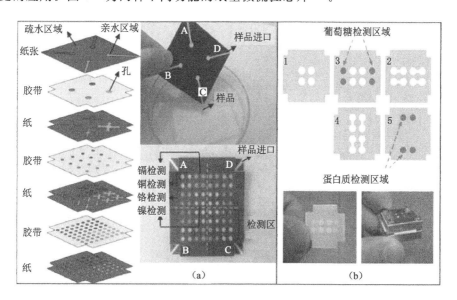

图 5-1　两种不同功能的纸基微流控芯片

随着生物及医学研究的结合,一种常用于嵌入细胞等各种应用的材料水凝胶,也开始逐渐应用于微流控系统。水凝胶与细胞外基质相似,它可以建立微通道,用于溶液、细胞和其他物质的输送。水凝胶是三维亲水聚合物链在水介质中延伸的三维网络,其中 99% 以上的部分都是水,其高度多孔结构及其可控的孔径使各种分子能够在其基质中扩散。与 PDMS 材料相比,水凝胶的应用大多与细胞相关,常用于研究组织水平的细胞培养,例如用水凝胶进行三维细胞培养等。

5.1.2 微流控芯片加工方法

微流控芯片设计之后,通常采用离子束刻蚀法、光刻法、化学腐蚀法、注塑法、印模或激光烧蚀法、软刻蚀法、热压法等方法来制造芯片。不同材料的特性不同,所需选择的加工方法也不同。

5.1.2.1 硅质芯片的加工方法

一般的硅质材料包括二氧化硅和玻璃等,主要采用传统的光刻技术实现微加工。光刻原理是利用光化学反应,经光刻工艺将所需要的微细图形转移到加工衬底上,来达到在晶圆上刻蚀出所需要图形的目的。一般的光刻工艺要经历硅片表面预处理、烘干、旋涂光刻胶、软烘、对准曝光、后烘、显影、硬烘、刻蚀、检测等工序,该工艺要求保证室内无紫外线污染,环境洁净(灰尘少),且温度、湿度适宜。根据反应机理和显影原理,可以将光刻胶分为正性光刻胶和负性光刻胶。正性光刻胶形成的图形与掩膜版(光罩)相同,负性光刻胶显影时形成的图形与掩膜版相反。图 5-2 为光刻基本工艺流程图。

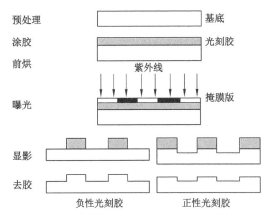

图 5-2 光刻基本工艺流程图

光刻工艺流程复杂、成本高、周期长,光刻的工艺水平直接决定芯片的性能水平。芯片在生产中需要进行 20～30 次的光刻,耗时占到芯片生产环节的 50% 左右,成本占芯片生产成本的 1/3,因此复杂的光刻工艺成为制约微流控技术在非洁净环境下研究和发展的主要瓶颈。

5.1.2.2 高聚物芯片的加工方法

1. 热压法

热压法是一种快速复制微流控芯片的技术,适合于热压法加工的有 PMMA 与 PC 等聚合物材料。热压法需要一个阳模,在热压装置中将聚合物基片加热到软化温度,通过在阳模上施加一定的压力,可在聚合物基片上压制出与阳模凹凸互补的微通道,然后在加压的条件下,将阳模和刻有通道的基片一起冷却后脱模,就得到所需的微结构。此法可大批量复制,设备简单,操作简便;但是所用材料有限,对其性能研究较少。

　　2. 注塑法

　　注塑法是一种将原料置于注射机中,加热使之变为流体压入模型,冷却后脱模,得到微流控芯片。在采用注塑法制作芯片过程中,模具制作过程复杂、技术要求高、周期长,是整个工艺过程中的关键步骤。一个好的模具可生产 30～50 万张聚合物芯片,重复性好,生产周期短,成本低廉,适合用于已成型的芯片生产。

　　3. LIGA 技术[45-47]

　　LIGA 技术的主要步骤包括 X 射线曝光、显影、电铸制模、注塑复制。由于同步辐射 X 光有非常好的平行性、极高的辐射强度以及连续的光谱,使该技术能够制造出高宽比大到 100、厚度可达几百微米、结构侧壁平行线偏差在亚微米范围内的微米级三维立体结构。图 5-3 为 LIGA 技术一般工艺流程图。

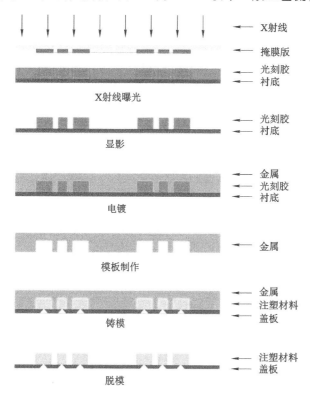

图 5-3　LIGA 技术一般工艺流程图

　　LIGA 技术已经在微传感器、微制动器、微光学器件和其他微机械加工中显示出无可比拟的优越性。但是 LIGA 工艺需要更昂贵的 X 射线或者同步辐射光源以及复杂的掩膜版。为了解决这一问题，几年来出现了利用紫外光刻或者激光光刻工艺来替代 X 射线曝光，我们称之为准 LIGA 技术，如用紫外光刻的 UV-LIGA，利用激光烧蚀的 Laster-LIGA，用深硅刻蚀工艺的 Si-LIGA 和 DEM 技术以及用离子束刻蚀的 IB-LIGA 等，这些技术都大大降低了光刻的复制程度，进一步扩大了 LIGA 的应用范围。

　　4. 3D 打印技术

　　3D 打印技术是一种快速成型技术，是一种以数字模型文件为基础，运用粉末状金属或塑料等可黏合材料，通过逐层打印的方式来构造物体的技术。随着微纳米 3D 打印技术的发展，目前已经可以很好地制作出各种结构复杂、高深宽比的聚合物微米 3D 结构，并且已经被用于航空航天、生物医疗、微纳机电系统、新材料（超材料、轻量化材料、智能材料、复合材料）、新能源（燃料电池、太阳能等）、柔性电子、微纳光学器件、微流控器件等众多领域和行业。图 5-4 为微纳尺度 3D 打印技术的典型应用[48]。

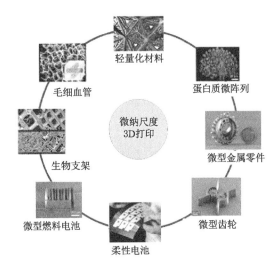

图 5-4　微纳尺度 3D 打印技术的典型应用

　　一方面，基于 3D 打印的微流控芯片加工技术具有传统微加工技术无法比拟的灵活性，通常整个设计加工过程可以在很短时间内完成，对于生命科学和医学的研究需要具有很强的适应性。另一方面，3D 打印技术的应用显著降低了微流控系统的成本，对基于微流控系统的医学诊断技术等在不发达/欠发达国家和地区的推广应用有着非常积极的意义。但是,目前 3D 打印效果仍然受材料限制,材料质量的稳定性、易用性以及产品精度等还有待提高。

5. 软刻蚀技术

20 世纪 90 年代末出现微图形复制技术,该技术用弹性模代替光刻中使用的硬模产生的微形状和微结构,被称为软刻蚀技术。该技术是一种新的低成本的微细加工技术。

软刻蚀技术的基本工艺为:先用蚀刻的方法制出通道部分突起的阳模,然后在阳模上浇注液态的高分子材料,再将固化后的高分子材料与阳模剥离后就可以得到具有微通道的基片,与基底封接后,即可得到高分子聚合物微流控芯片。

相对于传统光刻技术来讲,该方法更加简便、灵活、易行,芯片可大批量复制,不需较高技术设备,不仅可以在高聚物等材料上制造复杂的三维微通道,而且可以加工多种材料,达到 30~1 μm 级的微小尺寸,成为目前应用较多的一种微流控加工方法。

5.2 PDMS 微流控变色薄膜软刻蚀制备过程

以高分子聚合物 PDMS 为材料制作变色薄膜的过程如图 5-5 所示,主要包括三个阶段:第一阶段是微流控模具的制作,即将微流道的设计图形转移到微流控模具上;第二阶段是具有微流道的 PDMS 变色薄膜的制作,即将模具表面的微结构转移到 PDMS 变色薄膜表面;第三阶段是封接,即将制作好的 PDMS 变色薄膜与基底进行不可逆封接。其中,第一和第三阶段直接决定微流控变色薄膜制作的精度、成本和可靠性,是试验研究的重点。

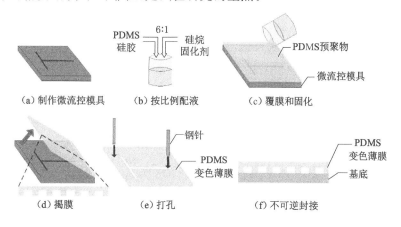

图 5-5   微流控变色薄膜制备过程示意图

微流控变色薄膜的具体制备过程如下：

第一步：制作微流控模具。传统微流控模具的制作是在抛光硅片表面涂抹 SU-8 负性光刻胶，并通过标准的光刻流程在硅片表面刻蚀微结构，该制作方法需要高洁度试验环境、专业制作人员，制作过程复杂且价格昂贵。这里，采用感光干膜实现微流控变色薄膜模具的快速、低成本制作，具体制作过程见 5.3 节。

第二步：按比例配液。按比例传统配液方法是将液态 PDMS 硅胶与硅烷固化剂按照质量比为 10：1 的比例进行混合，为了提高 PDMS 变色的硬度，减小变形，这里采用质量比为 6：1 的混合比例，如图 5-5(b)所示。使用搅液器将配置后的 PDMS 预聚物按照顺时针方向循环搅动 2～3 min，使其充分混合，避免因混合不充分导致固化后的 PDMS 薄膜硬度不均匀产生断裂。

第三步：覆膜和固化。将充分混合后的 PDMS 预聚物覆盖到制备好的微流控模具表面，然后放入−0.1 MPa 的真空箱内抽气 30 min，以保证预聚物中的气泡完全溢出，如图 5-5(c)所示。气泡溢出后，放入 100 ℃ 的干燥箱内加热 1 h，此时液态 PDMS 预聚物会发生聚合，形成透光性良好的固态 PDMS 薄膜。

第四步：揭膜。用刀片将固化后的 PDMS 从模具边缘处小心剥离开，然后用镊子将其轻轻揭下，即得到具有微流道结构的 PDMS 变色薄膜，如图 5-5(d)所示。为了防止 PDMS 薄膜在揭膜时断裂，在 PDMS 薄膜和模具之间滴入少量体积浓度为 1% 的异丙醇溶液，即可保证揭膜过程顺利完成。

第五步：打孔。使用 ϕ1 mm 的打孔器分别在 PDMS 薄膜表面微流道的入口和出口处打孔，如图 5-5(e)所示，然后将薄膜用保鲜膜覆盖保存或进入下一步的封接步骤。

第六步：不可逆封接。将待封接基底用去离子水清洗并在高纯氮气流下吹干，然后与制备好的 PDMS 变色薄膜封接在一起，形成具有闭合微流道的微流控变色装置，如图 5-5(f)所示。这里为了增加二者之间的封接强度，提高变色装置的可靠性，两个封接面之间采用不可逆封接方法，具体封接方法见 5.4 节。

5.3 感光干膜微流控模具快速制备

5.3.1 感光干膜微流控模具制备原理

感光干膜又称光致抗蚀干膜，是目前制作电路板时所使用的主要材料。它主要由聚酯薄膜、光致抗蚀剂膜和聚乙烯保护膜三部分组成，如图 5-6 所示。感光干膜的主要制作过程如下：在高清洁度环境下，将预先调制的感光胶通过高精度涂布机涂覆于聚酯薄膜的表面，然后经过烘干等若干流程后，将聚乙烯保护膜覆盖在感光胶表面。因此,聚酯薄膜是光致抗蚀剂膜的载体,聚乙烯膜覆盖在光致抗蚀剂膜的表面,保护其不受灰尘等污物的粘污,并防止干膜在卷起时上下两层粘连。光致抗蚀剂膜是感光干膜的主体,主要包括成膜剂、光聚合单体、光引发剂、增塑剂和色料等,其中,光聚合单体是感光干膜的主要成分。当感光干膜经紫外线照射时,光聚合单体在光引发剂的作用下,紫外曝光部位将生成不溶于显影液的体型聚合物而被保留下来,从而形成所需要刻蚀的微流道图形结构,未经紫外曝光的部位则可以通过显影液清洗去除。

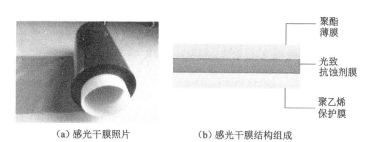

（a）感光干膜照片　　　（b）感光干膜结构组成

图 5-6　试验用感光干膜

干膜表面的聚乙烯保护膜应在贴膜之前去除,以增加贴膜的牢固性,聚酯薄膜应在曝光之后显影之前去除,防止曝光时氧气向光致抗蚀剂膜层扩散,破坏游离基,引起感光度下降。

5.3.2　感光干膜微流控模具制备工艺

感光干膜被广泛应用于电路板的表面成型,随着微流控技术的发展,近年来也逐渐应用于微流控系统中,用于表面封接[49]和微流道的定义[50]。

感光干膜微流控模具的制作过程如图 5-7 所示。由于感光干膜对光线的敏感性较高,因此整个制作过程需要在暗室条件下进行,具体制备过程如下:

第一步是去除聚乙烯保护膜。将感光干膜裁剪为 10 cm×10 cm 的尺寸,并用镊子将其表面的聚乙烯保护膜去除,以增加感光干膜和基底之间的粘贴力,如图 5-7(a)所示。根据所需制作微流道的结构要求,当需要通过多层感光干膜的叠加来实现时,任意两层感光干膜之间的聚乙烯保护膜也需预先去除。

第二步是压膜。基底采用 10 cm×10 cm 的 304 镜面不锈钢板,首先用去离子水清洗不锈钢基底表面,并在高纯氮气流下吹干,然后将去除保护膜的感光干膜表面粘贴在不锈钢基底上。为了保证粘贴强度,使用加热模式(110 ℃)下的压膜机对粘贴后的结构压膜 3~5 次,并冷却 1~3 min,如图 5-7(b)所示。压膜完成后,应确保感光干膜和基底之间无气泡存在,否则应重复上述步骤。

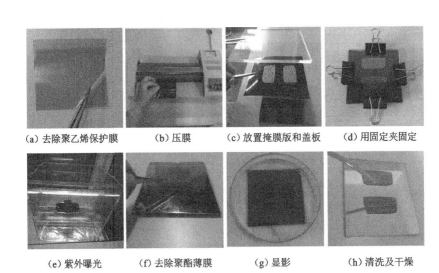

(a) 去除聚乙烯保护膜　　(b) 压膜　　(c) 放置掩膜版和盖板　　(d) 用固定夹固定

(e) 紫外曝光　　(f) 去除聚酯薄膜　　(g) 显影　　(h) 清洗及干燥

图 5-7　感光干膜微流控模具制备过程

第三步是放置掩膜版和盖板。将预先打印好的掩膜版覆盖于感光干膜表面，为保证掩膜版和感光干膜的完全接触，将同样尺寸高透明度的 PMMA 盖板覆盖于掩膜版表面，并将三者轻轻压实，如图 5-7(c) 所示。

第四步是用固定夹固定。曝光时为了避免光线从感光干膜边缘泄漏，同时保证上述三层结构相互位置的固定，用固定夹在三层结构的四周夹紧固定，如图 5-7(d) 所示。

第五步是紫外曝光。将紧固后的结构放入紫外箱内曝光，曝光时间根据光源的强度和感光干膜膜层的厚度确定，如图 5-7(e) 所示。曝光后的感光干膜温度会有所升高，因此需静置 $10 \sim 15$ min，使其充分冷却并可保证曝光部位的完全聚合。

第六步是去除聚酯薄膜。将曝光后的结构取出，用镊子将感光干膜表面的聚酯薄膜去除，如图 5-7(f) 所示。

第七步是显影。将上述结构放入预先配置的一定浓度的 Na_2CO_3 显影液中进行显影，如图 5-7(g) 所示。显影时间由感光干膜厚度和所使用显影液的浓度确定。

第八步是清洗及干燥。将显影后的结构用去离子水清洗并在高纯氮气流下吹干，即完成了微流控模具的制作，如图 5-7(h) 所示。

5.3.3　关键制备工艺及参数

由上述微流控模具制作过程可知，影响制备后感光干膜微流控模具精确度的关键环节包括压膜、紫外曝光和显影三个步骤。这里主要对上述三个步骤中的关键制作参数进行研究和优选,从而提高感光干膜微流控模具的精度。

5.3.3.1 压膜及质量检查

为了增加粘贴强度,压膜之前将感光干膜表面的聚乙烯保护膜去除,并与洁净的不锈钢基底黏合,然后通过压膜机在高温模式下反复压膜提高黏合度。在此过程中,感光干膜和不锈钢基底之间很容易产生气泡,从而影响制备后感光干膜微流道结构的精度。试验中,使用 XSP-63B 光学显微镜(上海光学仪器厂)进行观测,如图 5-8 所示,图 5-9 所示为观测到的位于气泡处的微流道结构,由图可知,当微流道结构恰好位于气泡处时,会导致该位置的微流道形状不规则,精度较低。因此,压膜完成后的气泡检查对提高模具精确度十分必要。

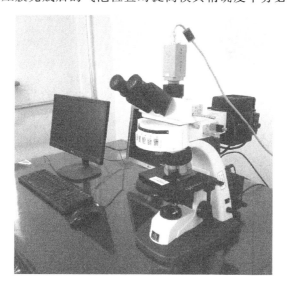

图 5-8　模具观测光学显微镜

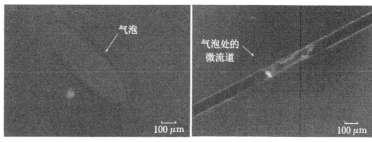

(a)压膜时产生的气泡　　　　　(b)气泡处的微流道

图 5-9　气泡对感光干膜微流控模具的影响

分析压膜过程中产生气泡的主要原因包括：

（1）压膜机设定温度过高。感光干膜中的抗蚀剂挥发过快，导致部分抗蚀剂残留在聚酯膜和不锈钢基底之间，形成气泡。试验发现，压膜机的温度设定为110 ℃时，压膜效果较好。

（2）压膜机的热压辊或不锈钢基底表面不平。当热压辊表面或不锈钢基底表面有凹坑或划痕时，使得与该部位接触的感光干膜得不到充分挤压而产生气泡。因此，应定期对热压辊进行清洁，并注意保护热压辊表面的平整，不要用坚硬、锋利的工具刮其表面，同时选择表面光滑度较高的不锈钢板材作为基底。

（3）热压辊压力太小。适当增加热压辊之间的压力，也可以有效减少气泡的产生。

（4）操作不当。在感光干膜和不锈钢基底粘贴时，应从一侧开始并逐步至完全粘贴，有助于将二者之间的空气排出，减少气泡。

5.3.3.2　紫外曝光

紫外曝光技术被广泛应用于印刷电路板（PCB）制作等领域，其主要作用是进行图画搬运，这里，感光干膜光刻胶经过紫外曝光操作后，其物理化学性质会发生很大变化，在特定的显影溶剂中会构成易溶和非易溶区域，从而在基底表面形成精细的图形进程。

紫外曝光也是影响感光干膜微流控模具性能的一个重要环节，主要因素包括光源的选择、曝光时间的控制和感光干膜的厚度等。不同型号的感光干膜都有自身特定的吸收光谱，当感光干膜吸收光谱的主峰与光源发射光谱的主峰重叠或大部分重叠时，二者匹配度较高，曝光效果较好。这里，感光干膜选择使用长兴 HT-115T 感光干膜，其吸收光谱的主峰位于 310～430 nm 之间，因此紫外光源选用发射光谱为 350～450 nm 的低压汞灯。正确控制曝光时间也是影响曝光后模具精度的一个重要因素，在不同光源强度和感光干膜厚度条件下所需曝光时间均不同。这里，在光源辐射强度为 5 mW/cm^2 条件下，对不同厚度的感光干膜进行了紫外曝光试验研究。

图 5-10 所示为不同厚度感光干膜在不同曝光时间下所形成的流道结构显微图。由图可知：当过度曝光时，曝光处的感光干膜会发生过度聚合反应，使其在显影液中的溶解度降低，很难被清洗掉，从而导致形成后的流道结构不规则且宽度大于掩膜版中的预先设定值；反之，当曝光不足时，曝光处的感光干膜不能完全聚合，使其在显影液中的水溶性大大增加，从而导致形成后的流道结构不规则且宽度小于预先设定值。同时由图可知，感光干膜膜层越厚，所需曝光时间越长。因此，根据感光干膜厚度来选择最佳曝光时间的研究对获得高精度感光干膜微流控模具具有重要意义。

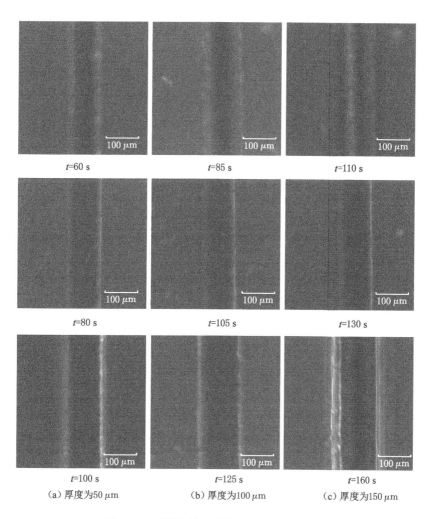

t=60 s　　　　　　　t=85 s　　　　　　　t=110 s

t=80 s　　　　　　　t=105 s　　　　　　　t=130 s

t=100 s　　　　　　　t=125 s　　　　　　　t=160 s

（a）厚度为50 μm　　　（b）厚度为100 μm　　　（c）厚度为150 μm

图 5-10　不同条件下感光干膜曝光试验观测

图 5-11 所示为光源辐射强度为 5 mW/cm² 条件下,通过多次试验测得的不同厚度长兴 HT-115T 感光干膜的最佳曝光时间,图中,散点图为试验结果,虚线为根据试验结果得到的二次多项式拟合曲线。由图可知,最佳曝光时间和感光干膜厚度之间为非线性关系,随着干膜厚度的增大,最佳曝光时间逐渐增加。同时,相同厚度干膜的最佳曝光时间也存在一定的误差,误差存在的主要原因与不锈钢基底光洁度、压膜质量以及环境因素有关,但在一定误差范围内,对所制备感光干膜微流控模具的精度影响较小。

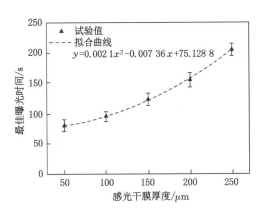

图 5-11　不同厚度感光干膜最佳曝光时间

5.3.3.3　显影

通过显影,感光干膜未经紫外曝光部位中所含的活性基团—COOH 与弱碱性无水 Na_2CO_3 溶液中的 Na^+ 作用,生成亲水性基团—COONa,因此可以被显影液所溶解,经过紫外曝光的部位则不会被洗掉,从而将所需的微流道结构保留下来,形成感光干膜微流控模具。

影响显影效果的主要因素包括显影液浓度、显影时间、显影温度和烘干温度等。显影过程均在室温 25 ℃ 环境下进行,显影后用去离子水清洗感光干膜表面并放入 60 ℃ 的干燥箱内烘干 10 min。所需显影时间与显影液浓度和感光干膜的厚度相关,当显影过度时,聚合处的感光干膜在弱碱性 Na_2CO_3 溶液中过度浸泡使其结构易被破坏,干膜边缘发毛且失去光泽;反之,显影不足时,未聚合处干膜不能被彻底清洗,基底不能完全裸露出来,使制备后的凸模高度小于设定值,模具精度降低。

目前,工业上常用质量浓度为 1% 的 Na_2CO_3 溶液作为显影液,在不同浓度 Na_2CO_3 显影液下,不同厚度感光干膜所需的最佳显影时间不同,如图 5-12 所示。由图可知,最佳显影时间随着干膜厚度的增大呈非线性增加,同等厚度的感光干膜,使用不同浓度显影液时所需显影时间也不相同:当感光干膜厚度小于 150 μm(膜层<3 层)时,传统 1% 浓度的 Na_2CO_3 显影液的显影速率与 2% 和 5% 浓度的 Na_2CO_3 显影液几乎相等,这也是其在工业上广泛应用的原因;而当感光干膜厚度大于 150 μm 时,2% 浓度的 Na_2CO_3 显影液的显影速率明显增加。因此,根据感光干膜厚度合理选择显影液的浓度可以有效提高显影效率,减少显影时间。

根据上述试验及分析结果可得感光干膜微流控模具制备最优参数见表 5-2 所示。

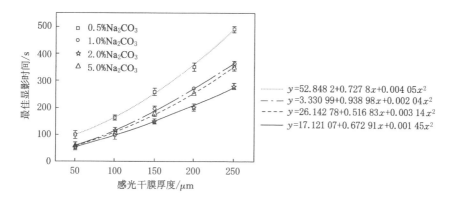

图 5-12　不同厚度感光干膜最佳显影时间

表 5-2　感光干膜微流控模具制备最优参数选择

参量名称	优选数值
所选感光干膜	长兴 HT-115T 感光干膜
压膜温度/℃	110
干膜厚度/μm	100
紫外光源	350～450 nm 的低压汞灯
紫外光源辐射强度/(mW/cm²)	5
最佳紫外曝光时间/s	95±8
显影液	1%(w/w)的 Na_2CO_3 溶液
最佳显影时间/s	98±12

5.4　PDMS 与 CR-39 光学表面不可逆封接

　　将制备后的 PDMS 变色薄膜和基底封接在一起即形成具有闭合微流道结构的微流控变色装置,而不同封接方法会直接影响封接后装置的可靠性。研究人员对 PDMS 材料和不同基底之间的封接方法进行了大量研究[51-53],其基底材料主要为玻璃或 PDMS。这里中,PDMS 的封接基底为光学行业中常用的碳本酸丙烯乙酸(CR-39)光学树脂,它有较高的光学透光率,抗高温且耐磨度高。通过对 PDMS 和 CR-39 基底表面进行氧化与化学接枝联合改性处理,实现二者之间的不可逆封接,并对改性后封接面的表面特性及封接强度进行试验研究。

5.4.1 润湿特性及评定方法

润湿是自然界中最常见的现象之一,是指当液体与固体相互接触时,液体会沿着固体表面向外扩展,材料中原有的液体-气体界面和固体-气体界面将会逐渐被新的固体-液体界面所取代的过程。例如,荷叶表面具有超疏水性和抗污染能力等。图 5-13 为荷叶及仿荷叶表面润湿特性。

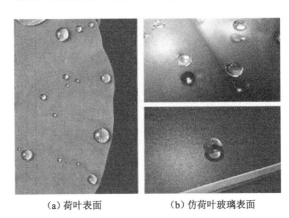

(a)荷叶表面　　　　　(b)仿荷叶玻璃表面

图 5-13 荷叶及仿荷叶表面润湿特性

液体在固体表面上不能够完全展开时会形成一定的角度,这就是接触角,用 θ 表示,如图 5-14 所示。19 世纪初期,杨氏通过对润湿现象的研究,提出了杨氏公式,见式(5-1)。

$$\gamma_{SL} + \gamma_{LG} \cos \theta = \gamma_{GS} \tag{5-1}$$

式中　γ_{SL}——固体-液体界面处的表面张力;

　　　γ_{LG}——气体-液体界面处的表面张力;

　　　γ_{GS}——气体-固体界面处表的表面张力。

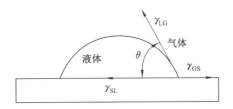

图 5-14　杨氏润湿接触角示意图

通过测量 θ 可以判断该材料是亲水材料还是疏水材料。当 $\theta = 0°$ 时,液体平铺在固体表面,呈现出完全亲水性;当 $0°<\theta<90°$ 时,液体相对于固体表面具有亲水性;当 $90°\leqslant\theta<180°$ 时,液体相对于固体表面具有疏水性;当 $\theta=180°$ 时,液体成球状,呈现出完全疏水性。

测定接触角的工具和方法很多种,但大致来说我们可以将接触角的测定方法划分为两类:一类采用的是直接测量法,将材料放在测量仪下,在材料表面滴一滴蒸馏水,然后直接观察该材料的表面接触角;另一类就是间接测量法,首先测量材料的表面系数,然后通过该材料表面系数与接触角的关系,用特定的方法进行计算,从而得出材料的表面接触角。

接触角测试仪是用于直接测量材料表面接触角的常用设备,如图 5-15 所示,测试方式包括量高法、悬滴法、座滴法(静滴法)、转落法、插入法等,对研究材料的润湿特性有重要作用。

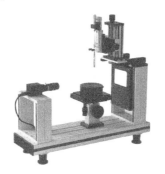

图 5-15　接触角测试仪

5.4.2　PDMS 与 CR-39 待封接表面改性处理

材料表面改性是指在不影响材料本体性能的前提下,在材料表面纳米量级范围内进行一定的操作,赋予材料表面某些全新的性质,如亲水性、抗刮伤性等。

材料表面改性的方法有很多种,材料不同,改性方法也有所相同。高分子聚合物表面改性方法很多,大体可以分为两类:物理改性和化学改性。物理改性方法包括机械改性法和表面涂覆改性法等,这种改性方法不发生化学反应。化学改性方法主要有溶液处理法、低温等离子体处理法、表面接枝法和离子注入法等。下面以高分子聚合物 PDMS 薄膜和 CR-39 光学树脂基底为待封接表面,介绍常用的几种表面改性方法的原理及特性。

5.4.2.1　氧化改性处理

目前微流控系统中,封接面氧化改性处理是 PDMS 表面改性的常用方式,主要包括氧等离子清洗和臭氧-紫外照射两种方法。氧等离子清洗[54-55]是通过氧等离子清洗机的射频电源在一定压力情况下发出辉光,并产生高能量无序的氧等离子体,利用这些高能量的氧等离子体来轰击待封接表面,使其产生活性氧化基,从而改善待封接面的黏结性和润湿性。臭氧-紫外照射[56]主要是通过低压汞灯释放出紫外光与臭氧,待封接面在紫外光的照射下产成大量的活化分子,接受臭氧辐照后,形成具有更强氧化能力的氧化基。

经过表面氧化改性处理后,PDMS 表层中的—CH₃ 基团消失,产生大量—OH 亲水性基团,CR-39 基底表面产生大量—OH 和—COOH 亲水性基团,大大增强了其表面的亲水性能,从而提高了二者之间的封接强度,如图 5-16所示。

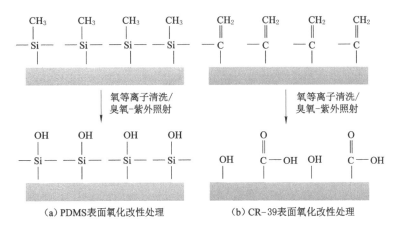

（a）PDMS表面氧化改性处理   （b）CR-39表面氧化改性处理

图 5-16　PDMS 和 CR-39 待封接表面氧化改性原理

5.4.2.2　化学接枝处理

通过化学试剂在待封接表面嫁接出某些亲水性的功能团也可以实现待封接面亲水性能的改善,提高封接强度,已被广泛用于微流控系统的封接。这里分别研究了不同化学试剂在 PDMS 和 CR-39 待封接表面的化学接枝功能。

图 5-17(a)和图 5-17(b)分别为利用甲基丙烯酸羟乙酯(HEMA)对 PDMS 和 CR-39 待封接表面进行化学接枝的原理图。HEMA 具有优良的物理化学性能,易溶于水,安全无毒,能够与多种高分子/低分子物质互溶或复合,且具有良好的吸附性、成膜性、黏结性、生物相容性和热稳定性,其分子中含有高亲水性的酯基(—COOR)和羟基(—OH)基团,能够在被处理表面产生亲水膜层。由图可知,经过 HEMA 接枝后,PDMS 和 CR-39 表面形成大量亲水性的羧基(—COOH),从而有效改善其亲水性。

图 5-17(c)为使用 3-氨丙基三乙氧基硅烷(APTES)对 CR-39 表面进行化学接

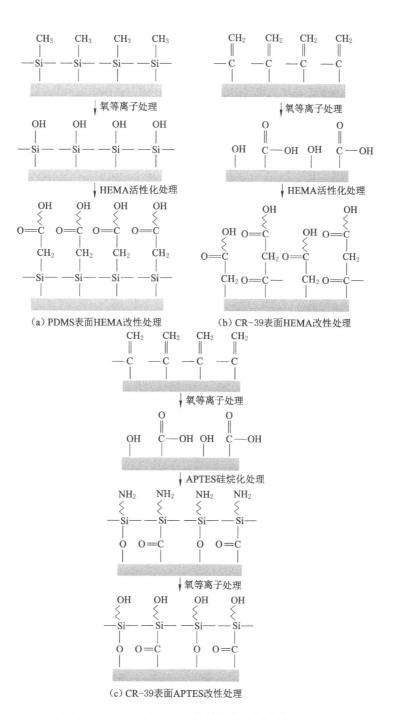

（a）PDMS表面HEMA改性处理　　　　（b）CR-39表面HEMA改性处理

（c）CR-39表面APTES改性处理

图 5-17　PDMS 和 CR-39 待封接表面化学接枝原理

枝的原理图。APTES 是一种硅烷连偶剂,其分子中包含亲水性基团(—NH₂),通过 APTES 和氧等离子处理后,CR-39 表面的硅原子以共价键的形式结合,形成硅羟键(Si—OH),能够与 PDMS 表面氧化后产生的硅羟键(Si—OH)结合,经缩合脱水后形成稳定的 Si—O—Si 聚合层,提高二者的封接强度。

5.4.3 待封接表面不可逆封接试验测试

5.4.3.1 润湿性试验测试

润湿是固体界面由固-气界面转变为固-液界面的现象,而润湿性是指一种液体在一种固体表面铺展的能力或倾向性。固体润湿性用接触角表示,接触角越小,固体润湿性越好。待封接表面的润湿性会直接影响封接后微流控变色装置的可靠性,润湿性越好,封接面之间产生的封接力越大。

通过表面改性处理可以改变待封接表面的润湿特性,形成不同的液体接触角,图 5-18 所示为经过等离子改性处理后不同时间内,PDMS 表面不同润湿状态下的接触角。试验中,将 PDMS 待处理表面用去离子水清洗,并在高纯氮气流下吹干,放入等离子清洗机(80 W,400 mL/min)内进行氧化处理 15 s,处理完毕后取出,在其表面滴入 1 mL 染色去离子水,分别经过不同时间拍摄其表面的液体形态,根据所拍摄图片进行静态接触角的测量。在图 5-18(a)中,拍摄时间为氧化处理后 10 min,测得 PDMS 表面接触角 $\alpha=45°$;在图 5-18(b)中,拍摄时间为氧化处理后 2 h,测得 PDMS 表面接触角 $\alpha=90°$。对比两图可得,图 5-18(a)中 PDMS 的表面润湿性比图 5-18(b)中有明显改善。

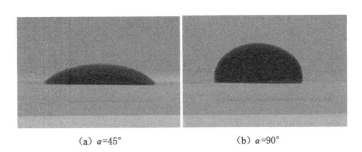

(a) $\alpha=45°$ (b) $\alpha=90°$

图 5-18 PDMS 表面不同润湿状态下的接触角

为了分析不同改性方法对待封接表面润湿性能的影响,分别测试了不同改性方法处理后 PDMS 和 CR-39 表面接触角的变化。试验中,等离子清洗机的气流量设定为 400 mL/min,15 W 的低压汞灯用作紫外-臭氧氧化处理,其辐射主波长为 253.7 nm 和 184.9 nm,待封接表面距离灯管的距离为 2 cm。将体积浓度为 1%的 HEMA 水溶液和体积浓度为 5%的 APTES 水溶液分别加热至 80 ℃用作表面化学接枝处理,试验用液均为 1 mL 的染色去离子水。

图 5-19 为不同表面改性处理后,试验测得的 PDMS 表面接触角的变化。由图可知,经过氧等离子改性后,PDMS 因表面氧化在较短时间内产生大量的亲水基团(—OH),从而有效减小了接触角,改善了其表面的润湿特性,但随着时间的增加,由于扩散作用使得 PDMS 内部的低分子量有机体逐渐迁移到表面,而表面的亲水性基团也逐渐向本体内部迁移,因此导致其表面接触角逐渐增大,润湿性能逐渐减弱。同时,对比不同氧化时间下的试验结果发现,当氧化时间为 35 s 时,所测得的接触角较小,待处理表面润湿性有较大改善,氧化效果较好。采用紫外-臭氧照射后,PDMS 表面润湿性也得到有效改善,与氧等离子改性相比,紫外-臭氧照射后 PDMS 表面所测接触角略大于前者,润湿性较差,但随着时间的增加,其润湿性保持的时间较长。有研究发现,长时间的紫外照射会改变 PDMS 的光学性能,因此紫外-臭氧照射不适用于 PDMS 变色薄膜的表面改性。采用氧等离子＋HEMA 组合改性后,随着时间的增加,PDMS 表面接触角可长期稳定在 50°左右,保持较好的润湿特性。

图 5-20 所示为不同表面改性处理后,试验测得的 CR-39 表面接触角的变化。由图可知,采用氧等离子改性和氧等离子＋APTES＋氧等离子组合改性时,都可以有效改善 CR-39 表面的润湿性,但随着时间的推移,润湿性均逐渐恢复。采用氧等离子＋HEMA 改性可以使 CR-39 表面的接触角稳定在 60°左右,长期保持较好的润湿特性。

综上可得,氧等离子＋HEMA 组合改性后的 PDMS 和 CR-39 基底表面接触角较小,表面润湿特性较好且可持续时间较长,更有助于提高二者之间的封接强度。

5.4.3.2 封接力试验测试

试验分别测试了采用上述不同表面改性方法完成封接后变色镜片内部的封接力,同时测试了采用预聚物半固化封接方式时镜片的封接特性。预聚物半固化封接方式的操作过程为:将液态 PDMS 与固化剂混合后的预聚物在 80 ℃的真空干燥箱内预固化 15 min,将未完全固化的 PDMS 薄膜从模具表面剥离下来,并迅速与 CR-39 基底表面封接在一起,再次放入 80 ℃的真空干燥箱内继续加热固化 1 h,使 PDMS 薄膜完全固化,增加二者之间的封接力。制作后的封接力测试样本如表 5-3 所示,每组样本制作数目为 5 片,在同等试验条件下分别测试 5 次,取测试结果的平均值。

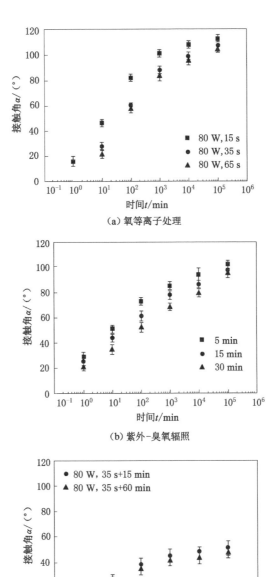

（a）氧等离子处理

（b）紫外-臭氧辐照

（c）氧等离子+HEMA

图 5-19　不同表面改性方法下 PDMS 待封接表面的接触角测试

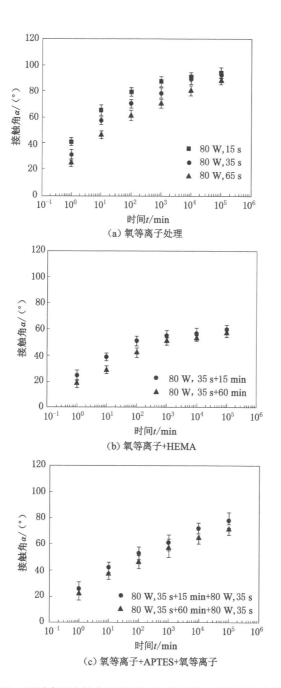

（a）氧等离子处理

（b）氧等离子+HEMA

（c）氧等离子+APTES+氧等离子

图 5-20　不同表面改性方法下 CR-39 待封接表面的接触角测试

表 5-3　封接力测试样本

样本编号	封接方法			
	PDMS		CR-39	
S1	半固化	100 ℃,15 min	氧等离子	80 W,35 s
S2	氧等离子	80 W,35 s	氧等离子	80 W,35 s
S3	氧等离子＋HEMA	80 W,35 s＋30 min	氧等离子＋HEMA	80 W,35 s＋30 min
S4	氧等离子	80 W,35 s	氧等离＋APTES＋氧等离子	80 W,35 s＋30 min＋80 W,35 s

图 5-21(a)所示为封接面之间的封接力试验测试原理图,利用高压氮气将有色液体充入待测镜片的微流道内,通过调节气压调节阀(SMC Corp.)缓慢增加气瓶内高压氮气的输出压力,流道内液体的压力则随着阀口输出压力的增加而增加;当液体压力大于镜片 PDMS 薄膜和 CR-39 基底之间的封接力时,二者之间的封接面将会被撕开,流道遭到破坏,如图 5-21(b)所示,此时的液体压力可近似视为二者之间的封接力。

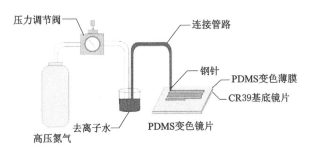

(a)测试原理图

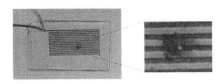

(b)封接破裂试验图

图 5-21　封接面之间的封接力测试试验

图 5-22 所示为不同封接方法封接力测试结果,由图可知:当采用半固化封接方式时(样本 S1),封接面之间形成约 315 kPa 的封接力;当待封接面均采用氧等离子改性处理时(样本 S2),封接力约为 650 kPa;当均采用等离子+HEMA 改性处理时(样本 S3),封接力约为 708 kPa,主要原因是待封接面产生了持续的润湿性使封接后的封接力有所增加;当 PDMS 采用氧等离子改性,CR-39 基底采用氧等离子+APTES+氧等离子改性处理时(样本 S4),封接力大幅度增加,约为 975 kPa,主要原因是氧等离子改性后 PDMS 表面产生大量的亲水性 Si—OH 基团,氧等离子+APTES+氧等离子改性后 CR-39 表面也形成大量的 Si—OH 基团,二者封接后会迅速产生脱水反应,形成稳固的 Si—O—Si 链层,从而使二者之间的封接力大大增加。

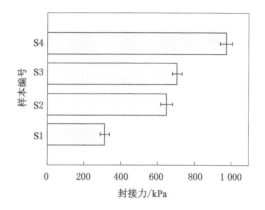

图 5-22　不同封接方法封接力测试结果

根据上述试验和分析结果可得,PDMS 变色薄膜与 CR-39 光学基底之间最优不可逆封接方法及参数选择如表 5-4 所示。

表 5-4　PDMS 变色薄膜与 CR-39 光学基底之间最优不可逆封接方法及参数选择

待封接表面	PDMS	CR-39
表面改性方法	氧等离子改性处理	氧等离子+APTES 化学接枝+氧等离子组合改性处理
改性处理参数	80 W,35 s	80 W,35 s+80 ℃,30 min+80 W,35 s
封接强度		975 kPa

5.5　PDMS 变色薄膜表面有机硅耐磨膜层制备

与传统光学材料（PS、PC 等）相比，PDMS 材料质轻、价格便宜、耐冲击性好，且利用软刻蚀技术易加工成型，但同时也存在一些缺点，如质软、耐磨性差等。目前，国内外关于提高传统光学材料表面硬度和耐磨性的研究有很多，主要通过在材料表面制备不同组分的耐磨膜层来实现。将传统耐磨膜层制作方法应用于 PDMS 变色薄膜表面，发现存在以下问题：① 膜层表面发白导致 PDMS 薄膜表面的透光性下降；② 膜层在 PDMS 表面的附着性较差，容易脱落；③ 由于PDMS 材料具有一定弹性，膜层的柔韧性较差。为了解决 PDMS 表面耐磨性差的问题，以甲基三甲氧基硅烷（MTMS）和苯基三甲氧基硅烷（PTMS）为主要原料，同时加入具有增韧效果的丙烯酸甲酯溶胶，通过试验调整各组分之间的比例，研究 PDMS 表面有机硅树脂耐磨膜层的制备方法，并对制备后的膜层进行耐磨性、光学透光率及附着力等特性进行测试。

5.5.1　有机硅耐磨涂液制备原理

有机硅树脂耐磨涂液的制备主要是利用烷氧基硅烷等有机硅单体在催化剂（酸或碱）作用下，经水解缩合等环节制得含有 Si—OH 的活性硅氧烷预聚物溶液，并与添加剂、固化剂等混合配置而成。目前，常用 γ-(2,3-环氧丙氧)丙基三甲氧基硅烷（KH-560）为主要原料来配置有机硅耐磨涂液，但试验研究发现，该耐磨涂液用于 PDMS 表面时，固化后会降低其透光性，且膜层和基底之间的附着力较差。这里以 MTMS 和 PTMS 为主要原料制备有机硅耐磨涂液，如图 5-23 所示。

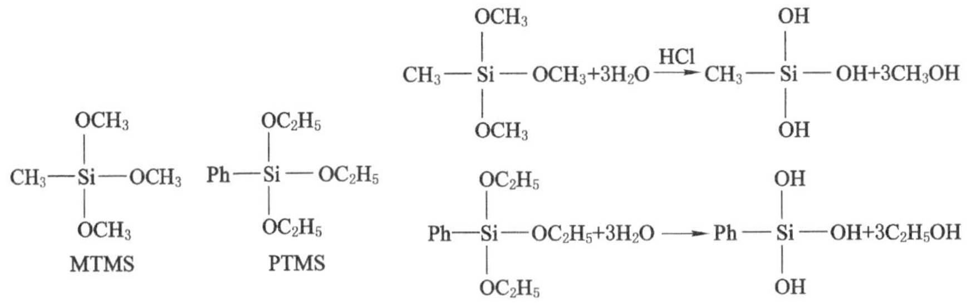

（a）分子结构　　　　　　　　　　（b）水解反应

图 5-23　PDMS 变色薄膜表面有机硅耐磨涂液制备原理

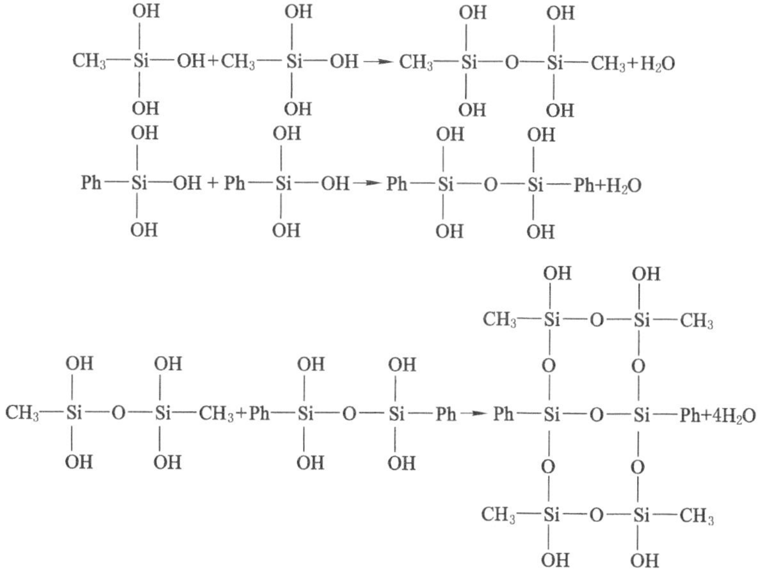

（c）缩聚反应

图 5-23（续）

图 5-23（a）所示为各组分的分子结构，在酸性条件下，MTMS 和 PTMS 经过水解后，会形成大量的 Si—OH 基团，如图 5-23（b）所示。大量的 Si—OH 基团之间发生缩水，形成具有高度铰链的 Si—O—Si 硬质网络结构，如图 5-23（c）所示，该网质结构耐磨性较好，且分解温度较高（约为 250 ℃）。同时，MTMS 中含有的有机基团—CH$_3$ 可以增加膜层的柔韧性，降低膜层因应力而开裂的可能性，提高膜层与基底的附着力，且 MTMS 水解副产物是醇，因此试验中无须添加额外的醇类溶液即可保持较高的水解速度。

5.5.2 有机硅耐磨膜层制备工艺

PDMS 变色薄膜表面有机硅耐磨膜层制备试验所需主要原材料见表 5-5，具体制备过程如下。

表 5-5　有机硅耐磨膜层制备试验所需主要原材料

原料名称	规格	生产厂家
PDMS	工业级	美国 Dow Corning 公司
MTMS	工业级	南京创世化工助剂有限公司

表 5-5(续)

原料名称	规格	生产厂家
PTMS	工业级	南京辰工有机硅材料有限公司
KH-560	工业级	南京创世化工助剂有限公司
丙烯酸甲酯	工业级	南京创世化工助剂有限公司
流平剂	工业级	南京创世化工助剂有限公司
盐酸胍	试剂级	上海户实医药科技有限公司
HCl 溶液	试剂级	深圳安泽化工有限公司
去离子水	工业级	上海科兴生物科技有限公司

5.5.2.1 耐磨涂液的制备

影响耐磨涂液性能的主要因素包括催化剂的种类、体系的 pH 值、固化剂的种类和加入量等。研究发现,MTMS 在弱酸性环境下水解速度较快,因此这里选用一定浓度的盐酸水溶液作为体系反应的催化剂。恰当地选用固化剂可以缩短固化时间,减少固化过程中的能耗,降低成本,提高膜层的交联性和耐擦伤性,但过量的固化剂会导致溶胶的过早凝聚,降低涂料的使用寿命。因此,固化剂的选用对膜层硬度和涂料存储期的影响较大。这里以盐酸胍为固化剂,分别测试了加入不同量的固化剂对膜层性能的影响。

有机硅耐磨涂液制备过程如下:取 150 g 去离子水、适量的盐酸水溶液放入烧杯中均匀混合,再加入 85 g 的 MTMS 和适量的 PTMS 溶液充分进行水解、缩聚反应。待反应液变透明后继续搅拌 15 min,并静置 2～3 h,即得到透明的有机硅预聚物溶液。将适量的 KH-560、盐酸胍固化剂和流平剂加入有机硅预聚物溶液中,均匀混合并过滤去除杂质。为了提高有机硅膜层的韧性,再加入适量的丙烯酸甲酯,充分搅拌即得有机硅耐磨涂液。

5.5.2.2 PDMS 变色薄膜表面预处理

覆膜前 PDMS 薄膜的表面特性对覆膜后膜层的附着力有很大影响,因此,需要对 PDMS 薄膜表面进行预处理,预处理的主要目的包括:

(1) 清除 PDMS 薄膜表面的各种灰尘和有机杂质等污物;

(2) 提高 PDMS 薄膜的表面张力,改善其表面亲水性能;

(3) 增加 PDMS 薄膜表面的活性基团,增强膜层黏结性。

主要处理过程为:将待处理的 PDMS 薄膜表面用去离子水清洗,然后用体积浓度为 5% 的异丙醇溶液清洗表层有机杂质并在高纯氮气流下吹干,确保其表面清洁、无杂质;待处理面向上平放入等离子清洗机(80 W,400 mL/min)中进行表面改性处理 35 s 后，取出进入下一步的膜层涂覆。

需要注意的是：氧等离子清洗完成与耐磨膜层涂覆之间的时间间隔不能大于 1 min，否则 PDMS 薄膜表面氧等离子改性处理效果会快速减弱，需要再次清洗才能进行膜层涂覆，且两次清洗需间隔 30 min 以上，避免因表面过度氧化影响改性效果。

5.5.2.3　耐磨膜层的涂覆和固化

涂覆过程中的温度、湿度、空气流通速度和涂覆方法均会影响涂料中溶剂的挥发速度和固化后的膜层性能。溶剂挥发速度太快会降低膜层耐磨性；反之，挥发速度太慢，会在膜层表面产生麻点，影响表面光洁性和透光性。这里，涂覆温度为 22～25 ℃，相对湿度＜50，空气流通速度缓慢。具体过程：将 PDMS 变色薄膜倾斜 45°，采用淋涂方式将制备好的有机硅耐磨涂液涂覆于 PDMS 薄膜表面，将涂覆后的 PDMS 薄膜放入 50 ℃的真空干燥箱内预干燥 20 min，使溶剂挥发，然后将干燥箱升温至 80 ℃，再加热固化 2 h，冷却后在 PDMS 薄膜表面即得耐磨膜层。

5.5.3　有机硅耐磨膜层试验测试

为了分析有机硅耐磨涂液中各组分对涂液制备和膜层性能的影响，分别对耐磨涂液制备过程和制备后耐磨膜层性能进行了试验研究。试验中，不同组分含量预聚物中，MTMS 和去离子水的用量均为 85 g 和 120 g。

5.5.3.1　交联反应

耐磨涂液在制备过程中，随着水解-缩合反应的发生，会伴随着放热-吸热和涂液温度的变化，不同浓度的酸性条件会影响反应速度和温度。图 5-24 所示为加入 8 mL 不同浓度的 HCl 溶液对有机硅耐磨涂液制备过程的影响，试验测试了有机硅预聚物在水解过程中所能达到的最高温度，以及达到此温度所需的反应时间。由图可知，随着 HCl 浓度的增加，预聚物在水解过程中所能达到的最高温度逐渐增加，而完成水解过程所需时间逐渐缩短。因此，增大 HCl 催化剂的浓度，可以提高反应速度，减少反应时间。

有机硅耐磨涂液的保存时间也是衡量其性能的重要参数。保存时间是指从涂液配置完成开始至倾斜 45°液体不发生明显流动之间所经历的时间。图 5-25 所示为放置不同时间后有机硅耐磨涂液的显微观测图片，由图可以明显发现，随着放置时间的增加，预聚物内部逐渐发生交联，产生较大结构的交联体，进而逐渐形成絮状物，最终固化为流动性较差的胶状体。

图 5-26 所示为不同组分含量对耐磨涂液保存时间的影响。由图 5-26(a)可

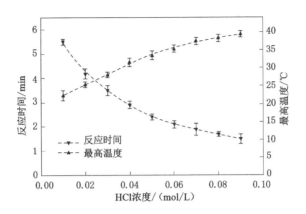

图 5-24 不同浓度 HCl 催化剂下有机硅耐磨涂液的水解特性

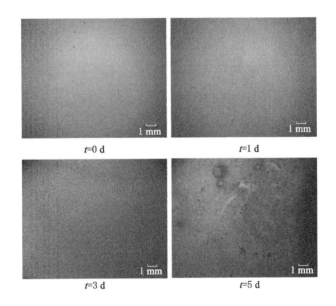

图 5-25 放置不同时间后有机硅耐磨涂液的显微观测

知,随着 HCl 浓度的增加,耐磨涂液的保存时间逐渐延长,原因是:在酸性条件下,涂液中会产生大量环体,酸浓度越高,环体数量越多,涂液越不易凝固,且较高的酸浓度,会破坏已产生的 Si—O—Si 键,使其形成和断裂的速度相当,达到一个稳定的状态,从而延长保存时间。由图 5-26(b)可知,增加盐酸胍固化剂的用量会加快预聚物之间的交联速度,使其更易固化,降低耐磨涂液的保存时间。由图 5-23(c)可知,随着 PTMS 含量的增加,单体间发生交联反应的可能性增大,因此涂液的存储时间缩短。

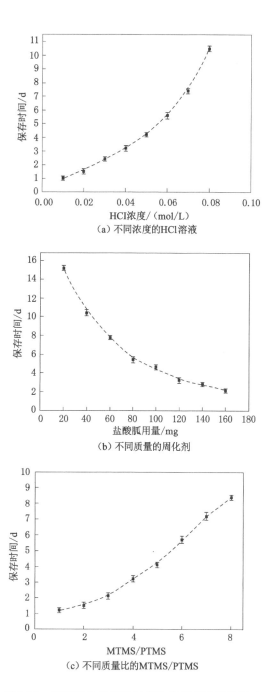

（a）不同浓度的HCl溶液

（b）不同质量的固化剂

（c）不同质量比的MTMS/PTMS

图 5-26　不同组分含量对耐磨涂液保存时间的影响

5.5.3.2 耐磨性

图 5-27 所示为一种简易、直观的方法测试覆膜后 PDMS 薄膜表面的耐磨性能原理图。具体测试过程如下：将覆膜后的 PDMS 薄膜水平放置，表面放置一块矩形砂纸（面积约为 PDMS 薄膜的 1/3），并用玻璃板压平保证砂纸和 PDMS 薄膜表面充分接触，在玻璃板的中间放置不同质量的砝码，匀速（约为 0.5 mm/s）向右拉动砂纸，使不同载重量的砂纸从 PDMS 薄膜表面均匀划过，膜层表面会出现不同程度的划痕，利用激光位移传感器 LK-G5000 测量最大划痕深度，以最大划痕深度 $\geqslant 1$ μm 时的最小砝码质量来衡量被测膜层的耐磨性。

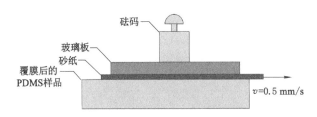

图 5-27　覆膜后 PDMS 薄膜表面耐磨性测试原理

5.5.3.3 硬度

材料表面硬度常用表征方法有两种：一种是借用铅笔硬度表征；一种是采用落砂试验测其硬度。这里采用铅笔硬度来表征耐磨膜层的表面硬度。

5.5.3.4 附着力

膜层附着力按照《色漆和清漆　划格试验》（GB/T 9286—2021）测试，具体测试过程如下：用锋利的刀片在膜层表面切割出 10×10 个面积为 1 mm×1 mm 的小网格，每条划痕应触及膜层的底材，用 3M600 号测试胶带粘住切割后的小网格表面，并用橡皮擦用力擦拭胶带，以增加胶带和被测区域的接触面积和力度，用手抓住胶带的一端，在 90°方向迅速扯下胶纸，同一位置进行 2 次相同的试验。测试结果等级位于 0～5 B 之间，且附着力依次增强，标准规定附着力等级达到 3 B 及以上即为合格。

5.5.3.5 透光率

这里使用 LS103 光学透光率测试仪（深圳林上光学科技有限公司）测试覆膜后 PDMS 薄膜在可见光区域的透光率。

5.5.3.6 耐水煮性

将覆膜后的 PDMS 薄膜放置于 80 ℃去离子水中，浸泡数小时后取出，在高纯氮气流下吹干，观察膜层外观是否出现裂纹、脱落等现象，并再次重复上述测试过程,记录膜层特性无明显变化时可承受的最长水煮时间,以此衡量膜层的耐水煮性能。

5.5.3.7 耐高温冲击性

首先将覆膜后的 PDMS 薄膜放置于 80 ℃真空干燥箱内加热 10 min,然后快速取出放置于-20 ℃低温环境下保持 10 min,观察膜层表面有无裂纹、起皮等现象,此过程视为一个温度循环。多次重复上述测试过程,并记录膜层表面首次出现上述现象时的循环数,以此衡量膜层的耐高温冲击性能。

表 5-6 所示为不同膜层组分条件下的 PDMS 变色薄膜样本,用于进行膜层耐磨性测试。

表 5-6　不同膜层组分条件下的 PDMS 变色薄膜样本

样本编号	各成分用量						
	0.02 mol/L 的 HCl/mL	盐酸胍/mg	流平剂/μL	KH-560/g	丙烯酸甲酯/g	PTMS/g	MTMS/g
S1	0	60	200	2.5	5	9	85
S2	8	60	200	2.5	5	9	85
S3	10	60	200	2.5	5	9	85
S4	6	0	200	2.5	5	9	85
S5	6	50	200	2.5	5	9	85
S6	6	100	200	2.5	5	9	85
S7	6	60	0	2.5	5	9	85
S8	6	60	150	2.5	5	9	85
S9	6	60	300	2.5	5	9	85
S10	6	60	200	0	5	9	85
S11	6	60	200	1.5	5	9	85
S12	6	60	200	4.5	5	9	85
S13	6	60	200	2.5	0	9	85
S14	6	60	200	2.5	4	9	85
S15	6	60	200	2.5	8	9	85
S16	6	60	200	2.5	5	3	85
S17	6	60	200	2.5	5	6	85
S18	6	60	200	2.5	5	15	85

表 5-7 为覆膜后 PDMS 变色薄膜样本性能测试结果。对比表 5-6 中的样本 S1~S3 可知,当预聚物中未加入 HCl 催化剂时,MTMS 的水解-缩聚反应不充分,生成的 Si—O—Si 交联结构较少,不能起到耐磨保护作用,随着溶液酸度的

增加,预聚物经过充分的水解-缩聚反应,膜层的硬度和耐磨性均有很大程度提高,过量的酸会使反应速度加快,但对膜层性能影响较小。对比样本 S4～S6 可知,不添加盐酸胍固化剂时,样本膜层表面发黏,硬度和耐磨性均较差,随着固化剂含量的增加,膜层硬度等级可增加至 3H,耐磨性也显著提高,但过量的固化剂会使膜层的附着力减弱。对比样本 S7～S9 可知,加入流平剂可以提高膜层的硬度和耐磨性,原因是流平剂可以使膜层更加均匀,减小表面摩擦系数,降低膜层被破坏的可能性,因此可以有效改善膜层的耐磨性,但过量的流平剂会增加膜层的表面活性,降低附着力。对比样本 S10～S12 可知,与未加入 KH-560 的预聚物相比,加入 KH-560 后膜层的耐水煮性得到明显改善,当加入量为 4.5 g 时,耐水煮时间可达 3 h。对比样本 S13～S15 可知,加入丙烯酸甲酯乳胶后,可以有效控制膜层在应力集中区域产生的银纹发展为破坏性裂纹,起到增韧效果,从而改善膜层的耐高温冲击性,但过多的乳胶含量会导致膜层硬度和耐磨性的降低。对比样本 S16～S18 可知,随着 PTMS 含量的增加,膜层的硬度、耐磨性和附着力均得到明显提高,但是过量的 PTMS 含量会导致膜层的透光率降低。

表 5-7　覆膜后 PDMS 变色薄膜样本性能测试结果

样本编号	膜层性能					
	铅笔硬度等级	耐磨性/g	附着力等级	透光率/%	耐水煮性/h	耐热冲击性/次
S1	2B	10	2B	88	3	>30
S2	2H	25	4B	89	3	>30
S3	2H	27	4B	89	3	>30
S4	H	15	3B	86	3	>30
S5	2H	22	3B	88	3	>30
S6	3H	27	2B	90	3	>30
S7	H	15	4B	89	3	>30
S8	2H	22	4B	89	3	>30
S9	2H	27	3B	88	3	>30
S10	2H	22	4B	90	0.5	>30
S11	2H	22	4B	87	2	>30
S12	2H	22	4B	88	3	>30
S13	3H	27	4B	89	3	<5
S14	3H	27	4B	88	3	>30
S15	H	22	4B	91	2	>30

表 5-7(续)

样本编号	膜层性能					
	铅笔硬度等级	耐磨性/g	附着力等级	透光率/%	耐水煮性/h	耐热冲击性/次
S16	H	15	2B	91	2	>30
S17	2H	22	4B	88	2	>30
S18	3H	27	4B	86	2	>30
未加膜	3B	10	—	86	>3	>30

通过对比表 5-7 中加膜前和加膜后(S1~S18)的样本可知,PDMS 薄膜加膜后,可以有效提高其表面的硬度、耐磨性,且恰当的组分比例,膜层可以获得较高的附着力、耐水煮性和耐高温冲击性。同时可以得出,该耐磨膜层具有一定的增透作用,原因是:根据经典光学理论,当膜层的折射率小于基底折射率时,膜层可以减少基底表面的漫反射,对可见光起到增透作用。PDMS 基材的折射率约为 1.51,有机硅膜层的折射率为 1.41~1.43,满足增透条件,因此具有一定的增透作用。

根据上述试验和分析结果,考虑制作成本和实际加工过程,得出 PDMS 变色薄膜表面有机硅耐磨膜层最佳组分配比及性能,如表 5-8 所示。

表 5-8 PDMS 变色薄膜表面有机硅耐磨膜层最佳组分配比及性能

	参量名称	数值
原料组分	MTMS 的质量	85 g
	PTMS 的质量	6 g
	HCl 的体积	8 mL
	KH-560 的质量	2.5 g
	盐酸胍的质量	50 mg
	流平剂的体积	150 μL
	丙烯酸甲酯的质量	4 g
	去离子水的质量	150 g
膜层性能	铅笔硬度	2H
	耐磨性	25 g
	附着力	4B
	透光性	88%
	耐水煮性	2 h
	耐热冲击性	>30 次

第6章　变色微流控系统应用

　　适应环境自动变色的外层遮挡物有利于隐藏我方目标,因此在商业、军事领域得到广泛应用。而传统的变色功能主要是采用外加电压热源磁场等手段,使得固体感光变色材料的分子结构变化而实现,并广泛应用于变色太阳镜和飞机玻璃,但是无法避免成本高、制备复杂、显色条件苛刻等问题。

　　流体变色技术因其独有的简单易得、环境友好、价格低廉,成为变色隐身领域的研究热点。本章主要介绍变色微流控系统的几个典型应用,包括微流控太阳镜、微流控伪装薄膜及微流控滤光镜头,并对各自的应用特性进行评价分析。

6.1　微流控太阳镜

　　佩戴太阳镜是人类用来保护视力和提升美感的常用方法,目前市场上的变色太阳镜普遍采用固体变色方式,利用不同光照条件下光致变色材料(卤化银、溴化银等)分子结构的重组来完成镜片变色,变色过程中存在一定的化学反应,可控性差、变色单一且价格昂贵。这里结合微流控变色系统提出微流控太阳镜,分别阐述其结构和工作原理,并对其视觉保护特性进行分析评价。

6.1.1　微流控太阳镜结构

　　图6-1为微流控太阳镜结构和原理图,根据使用者需求设计不同结构的微流道,在不同环境光强条件下,通过控制有色液体在微流道内的循环流动,实现视力保护功能。基本结构包括镜框、CR-39基底镜片、具有微流道的PDMS变色薄膜及驱动装置,采用第4章所述方法制备PDMS变色薄膜模具,并利用软刻蚀技术实现PDMS变色薄膜的制作,采用不可逆封接方法实现PDMS变色薄膜与CR-39基底镜片之间的封接。

　　图6-2为微流控太阳镜实物图。当周围环境光线较强时,通过驱动装置使驱动腔内的有色液体进入镜片微流道内,实现变色和视力保护功能;当周围环境光线较弱时,通过驱动装置将镜片微流道内的有色液体排出,镜片恢复原色。因

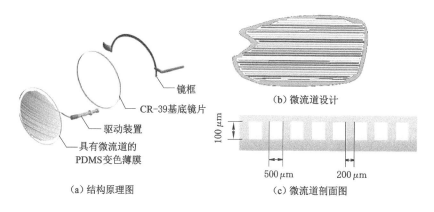

镜框

CR-39基底镜片

驱动装置

具有微流道的
PDMS变色薄膜

（a）结构原理图

（b）微流道设计

100 μm

500 μm   200 μm

（c）微流道剖面图

图 6-1　微流控太阳镜结构和原理图

此,与传统固体变色太阳镜相比,变色过程可控性高,可逆性较好,镜片制作快速便捷,且变色薄膜内的微流道可以根据使用者需求实现个性化的设计和制作。

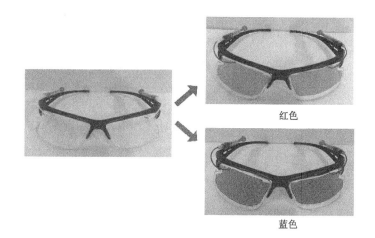

红色

蓝色

图 6-2　微流控太阳镜实物图

6.1.2　微流控太阳镜视光学特性

6.1.2.1　可见光光强减弱特性

色彩的本质为电磁波,根据电磁波波长(频率)的不同,可以将白光划分为 γ 射线、X 射线、紫外线、可见光、红外线、雷达波和无线电波等,其中 $380\sim780$ nm 的电磁波为可见光,可见光透过三棱镜可以呈现出由红、橙、黄、绿、青、蓝、紫七种颜色组成的光谱,不同颜色的可见光具有不同的波长范围。对于某种溶液,如果对可见光均不吸收,入射光全部透过,或虽有吸收,但各种颜色光的透过程度相同,则溶液是无色的;如果溶液只吸收了白光中一部分波长的光,而其余的光都透过溶液,则溶液呈现出所透过光的颜色,在透过光中,除吸收光的互补色光外,其他的光都互补为白光,所以溶液呈现的恰是吸收光互补色光的颜色。

溶液的吸光度 A 是指光线通过该溶液前的入射光强度与通过该溶液后的透射光强度比值的对数[57-58],可以表示为:

$$A = \lg \frac{I_0}{I_t} \qquad (6-1)$$

式中　I_0——入射光强度,cd;

　　　I_t——透射光强度,cd。

根据朗伯-比尔定律,影响溶液吸光度的因素主要包括溶质性质、溶液浓度及环境温度等,因此,溶液的吸光度 A 还可以表示为:

$$A = Kb_m c_m \qquad (6-2)$$

式中　K——溶质吸光系数,L/(m·mol);

　　　b_m——液层厚度,m;

　　　c_m——溶液物质的量浓度,mol/L。

当微流控太阳镜镜片内充入不同浓度的有色溶液时,其对不同波长的可见光具有不同程度的吸收,从而减弱入射光中可见光的强度,保护人眼视力不受强光的伤害。根据式(6-1)中吸光度的表示方法,利用光学透光率测试仪 LS102(深圳林上光学科技有限公司)进行吸光度试验测试,如图 6-3 所示。试验中,微流控镜片内流道的结构参数中 $w = 500\ \mu m, h = 100\ \mu m, g = 200\ \mu m$,所用液体为红曲米食用色素与去离子水配置的不同质量浓度和不同颜色的水溶液。图 6-4 所示为不同液体浓度条件下微流控太阳镜可见光光强减弱特性,由图可知,随着溶液浓度的增大,可见光平均吸光度逐渐增加,镜片表面颜色逐渐加深,从而使透过镜片可见光的光强逐渐减弱。

试验研究发现:吸光度为 0.1 左右的微流控太阳镜镜片颜色较浅,适合使用者在室内佩戴,可减少频繁取下和佩戴眼镜的不便;吸光度为 0.2 左右的微流控太阳镜可用于一般强度太阳光下的视觉保护;吸光度为 0.3 左右的微流控太阳镜为较深度太阳镜,可在烈日下和海边佩戴;吸光度达 0.7 的微流控太阳镜不适合在日常生活中使用,可为电焊工程等专业人员所用。

6.1.2.2　紫外阻隔特性

光波中 10~380 nm 的电磁波为紫外光,强烈或长时间紫外光照射会导致人眼中的眼角膜、眼球晶体和视网膜受损伤,并会增加白内障和其他视力问题的

(a) 试验用光学测试仪

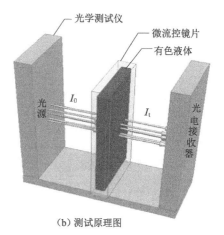
(b) 测试原理图

图 6-3　微流控太阳镜镜片吸光度试验测试

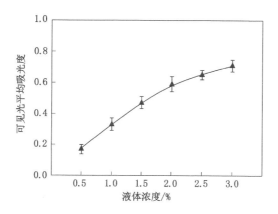

图 6-4　微流控太阳镜可见光光强减弱特性

发病率,因此太阳镜对紫外光的防护性能是衡量其视觉保护特性的重要指标。

通过在微流控太阳镜镜片内充入对紫外光有特殊吸收功能的吸光性溶液 [$Fe_2(SO_4)_3$ 或 $FeCl_3$ 溶液等],可有效降低镜片紫外光的透光率,保护人眼视力不受紫外光的侵害。这里测试了充入不同浓度 $Fe_2(SO_4)_3$ 溶液(南京化学试剂股份有限公司)后流道式微流控太阳镜的紫外阻隔特性,以及充入染色 $Fe_2(SO_4)_3$ 溶液时镜片在可见光区的透射光谱,测试所用仪器为 UV-3600 光谱分析仪(Shimadzu Corp.),如图 6-5 所示。

试验中,使用相同质量浓度(0.1%)的红曲米(红色)和藻蓝素(蓝色)两种食用色素对 $Fe_2(SO_4)_3$ 溶液进行染色,镜片内微流道的结构参数为:$w = 500~\mu m$,

图 6-5　光谱分析仪

$h=100\ \mu\mathrm{m}$，$g=200\ \mu\mathrm{m}$。图 6-6 所示为不同浓度和颜色下镜片紫外阻隔特性测试结果，由图可知：充液之前的微流控太阳镜在可见光波段的透光率均大于 80%，满足视光学透光性的要求；充入不同浓度的 $Fe_2(SO_4)_3$ 溶液后，镜片在紫外光波段的透光率显著降低，尤其是波长在 300 nm 以下的紫外光，其透过率接近于 0，镜片紫外阻隔作用较好；当镜片充入红色 $Fe_2(SO_4)_3$ 溶液时，可见光中的部分蓝色光和绿色光被镜片吸收，当充入同等浓度的蓝色 $Fe_2(SO_4)_3$ 溶液时，可见光中的部分黄色光和橙色光被液体吸收，因此试验所测得频谱中对应波段可见光的透光率有所下降。

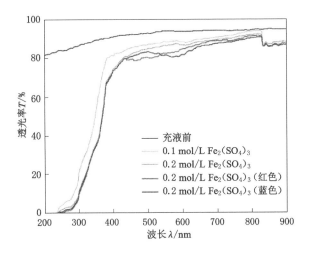

图 6-6　微流控太阳镜紫外阻隔特性

6.1.2.3 眩光防护特性

眩光主要指在视野范围内远远大于人类或其他生物眼睛可适应度的照明，通常会引起烦恼、不适或丧失视觉表现的感觉[59-60]。人眼在眩光照射下，会导致视觉疲劳，引起人体厌恶、不舒服甚至丧失明视度，而对于驾驶员来说，眩光可能会使其无法分辨事物的具体位置，而导致车祸的发生。因此，降低眩光可以减少光线对人眼的伤害，有效提高视功能。

流道式微流控变色薄膜内布满微米级平行分布的微流道，当流道内充满有色液体后，其结构和功能与百叶窗相似，可有效排除和过滤入射光中所包含的不规则的眩光，使正常角度范围内的光线透过镜片投入眼睛形成视觉影像，提高人眼的视觉舒适度，如图 6-7 所示。

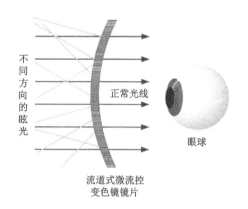

不同方向的眩光

正常光线

眼球

流道式微流控
变色镜镜片

图 6-7　流道式微流控变色镜眩光防护示意图

视光学中，通常用对比敏感度来反映人眼对眩光的抵御能力。对比敏感度是视觉系统辨认不同空间频率的物体表面时，所需要的最低黑白反差的物理量，因此能够更加敏感、真实地评估人眼在有眩光和无眩光条件下的视功能情况。这里，所有测试者的对比敏感度测试均在专业的视光中心验光医师的指导下完成，所用仪器为 CSV-1000E 对比敏感度测试仪（Vector Vision Inc.），采用国际标准的光栅条纹方向，分别在 1.5 周/度、3 周/度、6 周/度、12 周/度、18 周/度和24 周/度等 6 个空间频率下，对测试者开展有眩光和无眩光条件下的对比敏感度测试，如图 6-8 所示。

这里随机选取了 5 位测试者进行流道式微流控变色镜视觉对比敏感度临床测试，其中男性 3 例（6 只眼），女性 2 例（4 只眼），年龄为 20～31 岁，测试者的基本视力特征如表 6-1 所示。

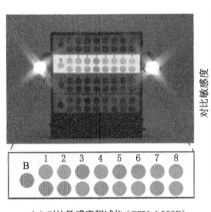
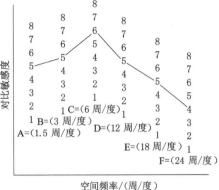

（a）对比敏感度测试仪（CSV-1 000E）　　　（b）对比敏感度数据测试卡对比敏感度

图 6-8　对比敏感度临床测试装置

表 6-1　测试者的基本视力特征

对象	年龄	性别	视敏度	立体视锐度/s	屈光度	斜视度
1	25	女	① 左眼 4.9 ② 右眼 4.9	100	−1.00/−1.00×85	
2	24	男	③ 左眼 5.0 ④ 右眼 5.1	140	−0.50/−0.50×90	eso 5△
3	20	男	⑤ 左眼 5.0 ⑥ 右眼 5.0	115	−0.50	
4	31	女	⑦ 左眼 4.9 ⑧ 右眼 5.0	120	−1.00/−0.50×85	
5	27	男	⑨ 左眼 4.9 ⑩ 右眼 4.8	90	−2.00/−2.50×85	eso 8△

测试中,测试者距离测试仪 2.5 m,测试环境为无自然光的暗室,测试仪的灯箱是室内唯一光源,可以分别模拟白天无眩光、白天有眩光、夜晚无眩光和夜晚有眩光 4 种环境。模拟白天无眩光时,灯箱光源的亮度为 85 cd/m²;模拟夜晚无眩光时,灯箱光源的亮度为 3 cd/m²;模拟白天有眩光时,眩光光源的垂直照度为 135 lx;模拟夜晚有眩光时,眩光光源的垂直照度为 28 lx。测试者在测试距离处分别在上述 4 种条件下进行测试,每种条件下包含 6 个空间频率,每个空间频率都有两行随机出现的正弦光栅条纹,测试者需仔细分辨,直至无法分辨出光栅条纹的方向为止。测试者需提前 10 min 进入暗室以适应环境,相邻两次

测试之间需间隔 30 min,且所有测试均在同一验光医师指导下完成。

图 6-9 所示为不同测试者在不同测试条件下对比敏感度的平均测试结果,试验中采用的镜片微流道的结构参数为:$w = 500 \ \mu m, h = 100 \ \mu m, g = 200 \ \mu m$,有色液体为质量浓度为 1.5% 的红曲米食用色素水溶液。由图 6-9(a)、(b)可知,在无眩光条件下,流道式微流控变色镜对佩戴者的视觉对比敏感度影响较小。由图 6-9(c)、(d)可知,在眩光条件下,当强烈的眩光通过眼的屈光间质时,因角膜切削、晶状体混浊等使光线发生大量散射,散射光在眼内形成较强的光幕,叠加于视网膜所成的物像上,干扰了视网膜物像的形成,使人眼的对比敏感度下降,但佩戴流道式微流控变色镜后有效地改善了佩戴者在不同空间频率下的视觉对比敏感度,增强了人眼抵御眩光的能力。同时,比较图 6-9(c)、(d)可知,夜晚有眩光环境下镜片的眩光防护效果更加显著,因此,对于夜晚行车的驾驶员来说,具有较高的应用价值。

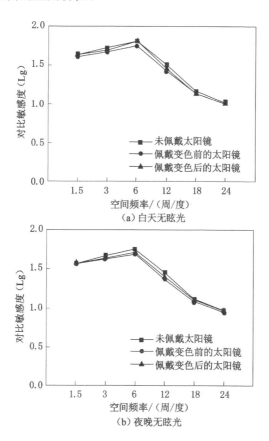

图 6-9 流道式微流控变色镜对比敏感度平均测试结果

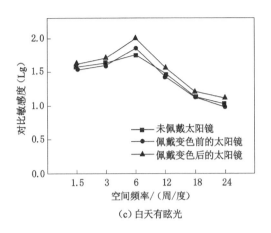

(c) 白天有眩光

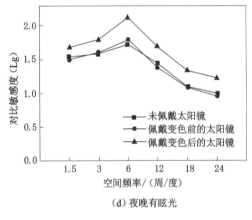

（d）夜晚有眩光

图 6-9（续）

6.1.2.4 MTF像质评价

根据近代光学理论可知,光学传递函数(OTF)描述了正弦波光栅通过光学系统成像后对比度和相位的变化[61],可以表示为:

$$OTF(f_s) = MTF(f_s)e^{iPTF(f_s)} \tag{6-3}$$

式中 f_s——空间频率,周/度;

$MTF(f_s)$——调制传递函数;

$PTF(f_s)$——相位传递函数。

$MTF(f_s)$表示的是各种频率下成像前后对比度(即振幅)的变化,$PTF(f_s)$表示各种频率下成像前后相位的变化。在大多数情况下,相位 $PTF(f_s)$ 变化只发生在高频段,而此时对比度 $MTF(f_s)$ 的值已下降到较低水平,$PTF(f_s)$ 的变化对系统的成像质量影响很小,可以忽略。因此,调制传递函数 $MTF(f_s)$ 的分析测量从全视觉人眼光学系统视觉质量中独立出来,被广泛用于评价人眼佩戴镜片后的成像质量。

$MTF(f_s)$ 是空间频率的函数,描述了各种不同频率的正弦强度分布函数经光学系统成像后,其对比度(即振幅)的衰减程度,其数值在 0~1 之间。当某一频率的对比度下降到零时,说明该频率的强度分布已无亮度变化,称为截止频率 f_{s0},正常人眼成像系统的截止频率应满足 $f_{s0} \geqslant 30$ 周/度,其值越高,人眼分辨率越高,成像质量越好。从理论上可以证明,成像中心点的亮度值近似等于 MTF 曲线所围的面积,MTF 曲线所包围的面积越大,表明光学系统所传送的信息量越多,光学系统的成像质量越好,图像越清晰。因此,在截止频率范围内,利用 MTF 曲线所包围面积的大小来评价光学系统的成像质量是非常有效的,它反映了 MTF 曲线的整体质量。

这里采用一个理想透镜模型代替人眼模型,利用光学评价软件 Fred10.40 (Photon Engineering Inc.)自带的脚本语言对不同流道结构参数下的微流控变色镜片进行光学建模,对成像系统进行 MTF 像质评价,图 6-10 为微流控变色镜片人眼视觉成像系统光线追迹示意图。其中:光源采用 grid 型干涉光源,追迹光线数量为 31×31;基底镜片材料为 CR-39 光学树脂,折射率为 1.5,厚度为 2 mm,半径为 15 mm;PDMS 薄膜的厚度为 1 mm,折射率为 1.43;液体为去离子水,折射率为 1.33;人眼理想透镜模型的材料选择 N-BK7,焦距为 25 mm,半径为 10 mm,厚度为 5 mm。

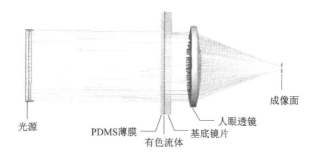

光源　PDMS薄膜　有色流体　基底镜片　人眼透镜　成像面

图 6-10　微流控变色镜片人眼视觉成像系统光线追迹示意图

图 6-11(a)为微流道主要结构参数示意图,图 6-11(b)～图 6-11(d)为不同流道结构微流控变色镜的 MTF 像质评价曲线。由图可知,成像系统的截止频率 $f_{s0} \gg 30$ 周/度,完全满足正常人眼分辨率的要求,流道结构参数的变化对系统

成像质量的影响较小。在图 6-11(b)中,流道结构参数中 $w = 200\ \mu m$, $g = 100\ \mu m$, h 位于 $100 \sim 600\ \mu m$ 之间,由图可知,随着 h 的增加,MTF 曲线所包围的面积呈现先减小后增大的趋势,当 $h = 100\ \mu m$ 或 $h = 600\ \mu m$ 时曲线包围面积最大,此时成像系统的像差最小,成像质量最佳,但在实际微加工过程中,流道深度每增加 $100\ \mu m$,加工成本即增加一倍,因此,$h = 100\ \mu m$ 是符合实际需求的最优选择。在图 6-11(c)中,流道结构参数中 $h = 100\ \mu m$, $g = 100\ \mu m$, w 位于 $100 \sim 1\ 000\ \mu m$ 之间,由图可知,随着 w 的增加,MTF 曲线所包围的面积呈现先增大后减小的趋势,当 $w = 500\ \mu m$ 时曲线包围面积最大,成像质量最佳。在图 6-11(d) 中,流道结构参数中 $h = 100\ \mu m$, $w = 500\ \mu m$, g 位于 $100 \sim 1\ 000\ \mu m$ 之间,由图可知,随着 g 的增加,MTF 曲线所包围的面积呈现先增大后减小的趋势,当 $g = 200\ \mu m$ 时曲线包围的面积最大,成像质量最佳。

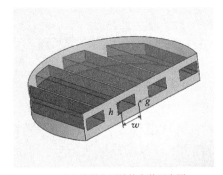

(a)流道主要结构参数示意图

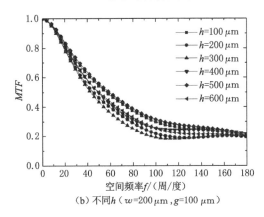

(b)不同 h（$w = 200\ \mu m$, $g = 100\ \mu m$）

图 6-11　不同流道结构微流控变色镜的 MTF 像质评价曲线

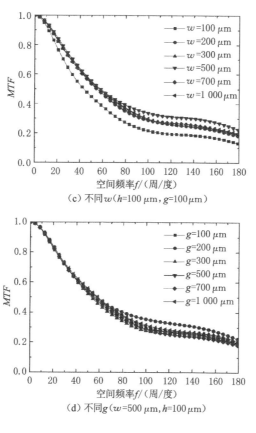

（c）不同 w（$h=100\,\mu m$，$g=100\,\mu m$）

（d）不同 g（$w=500\,\mu m$，$h=100\,\mu m$）

图 6-11（续）

6.1.2.5　色度均匀性

色度均匀性是人眼视觉系统对颜色均匀性的一种感知，是衡量系统光学特性的重要指标。Fred10.40 光学评价系统采用的是国际照明委员会（CIE）在1931 年公布的 1931CIE-XYZ 色度空间，该色度空间采用了简单的数学比例方法，描述出所要匹配颜色的三刺激值的比例关系，与人眼视觉上的色觉相差较大。因此，这里采用 CIE 在 1976 年公布的 1976CIE-$L^*u^*v^*$ 均匀色度空间，该色度空间采用明度指数 L^*、色品指数 u^* 和 v^*，能够更直观地表达颜色差异，均匀性较好，且适用于一切光源色和物体色[62]。

1976CIE-$L^*u^*v^*$ 色度体系与 1931CIE-XYZ 色度体系之间的转换关系可以用式（6-4）和式（6-5）表示：

$$\begin{cases} L^* = 116(Y/Y_0)^{1/3} - 16 \\ u^* = 13L^*(u' - u'_0) \\ v^* = 13L^*(v' - v'_0) \end{cases} \tag{6-4}$$

$$\begin{cases} u' = 4x/(-2x + 12y + 3) = 4X/(X + 15Y + 3Z) \\ v' = 9y/(-2x + 12y + 3) = 9Y/(X + 15Y + 3Z) \\ u'_0 = 4x_0/(-2x_0 + 12y_0 + 3) = 4X_0/(X_0 + 15Y_0 + 3Z_0) \\ v'_0 = 9y_0/(-2x_0 + 12y_0 + 3) = 9Y_0/(X_0 + 15Y_0 + 3Z_0) \end{cases} \tag{6-5}$$

式中 L^*——明度指数;

u^*——红绿轴的色品指数;

v^*——蓝黄轴的色品指数;

u', v'——1976CIE-$L^*u^*v^*$下的色度坐标;

x, y——1931CIE-XYZ下的色度坐标;

X, Y, Z——1931CIE-XYZ下被测样品的三刺激值;

下标'0'——完全漫反射体的参考值。

在色度差的计算中,通常采用白光 D65 的数据作为计算的参考基准,其具体光学色度参数为:$(x_0, y_0) = (0.313, 0.329)$,$Y_0 = 100$,$u'_0 = 0.198$,$v'_0 = 0.468$。这里,也采用该数据作为参考基准数据。

1976CIE-$L^*u^*v^*$均匀色度体系中,如果两个色样样品都按 L^*、u^* 和 v^* 来标定颜色,则色度空间中两点之间的距离即可表示二者之间色度差的大小,可以用式(6-6)和式(6-7)表示:

$$\Delta E_{uv} = \{(\Delta L^*)^2 + (\Delta u^*)^2 + (\Delta v^*)^2\}^{1/2} \tag{6-6}$$

式中 ΔE_{uv}——色度差;

ΔL^*——两点之间的明度指数差;

$\Delta u^*, \Delta v^*$——两点之间的色品指数差。

$$\begin{cases} \Delta L^* = L_1^* - L_2^* \\ \Delta u^* = u_1^* - u_2^* \\ \Delta v^* = v_1^* - v_2^* \end{cases} \tag{6-7}$$

人眼对色度差的感知有一定的宽容范围,不同色度差 ΔE_{uv} 值会使人眼产生不同的视觉感觉,如图 6-12 所示。当 $\Delta E_{uv} = 3$ 时,人眼可感知明亮色彩之间的差异,但被认为差异性不大,因此,$\Delta E_{uv} = 3$ 被称为视觉可感知像差;当 $\Delta E_{uv} > 6$ 时,表示色彩之间的差异很严重,工业上被认为不合格。这里通过计算佩戴流道式微流控变色镜后人眼成像系统的色度差来反映成像的色度均匀性。

利用 Fred10.40 光学评价系统进行成像分析,入射光谱采用 AM1.5 模拟太阳光光谱,其中可见光部分(380~780 nm)的辐射光谱如图 6-13 所示,光源为

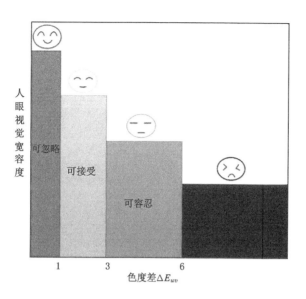

图 6-12　不同色度差下人眼视觉的宽容度

非干涉平面光源,光线追迹数量为 10 万条。提取成像后各点的色度坐标(x, y, z),根据式(6-6)和式(6-7)建立色度差分析模型,图 6-14 所示为不同流道结构微流控变色镜的色度差 ΔE_{uv} 的分析结果。

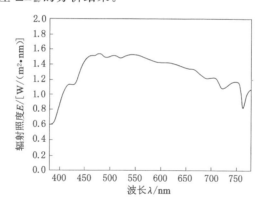

图 6-13　AM1.5 模拟光源中可见光的辐射光谱

　　由图 6-14 可知,不同流道结构微流控变色镜成像系统的色度差 $\Delta E_{uv} < 5$,均在人眼可以容忍的正常范围之内($\Delta E_{uv} < 6$),满足人眼视觉系统色度差的要求。比较不同流道结构微流控变色镜的 ΔE_{uv} 值可知,当变色镜内流道结构参数为 $h = 100~\mu m$、$w = 500~\mu m$、$g = 200~\mu m$ 时,色度差最小,与 6.1.2.4 中 MTF 成像质量评价的结果相吻合。

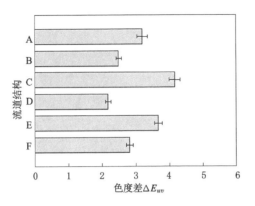

A：$w=500\ \mu\text{m}, g=100\ \mu\text{m}, h=100\ \mu\text{m}$　　B：$w=300\ \mu\text{m}, g=200\ \mu\text{m}, h=100\ \mu\text{m}$

C：$w=500\ \mu\text{m}, g=500\ \mu\text{m}, h=100\ \mu\text{m}$　　D：$w=500\ \mu\text{m}, g=200\ \mu\text{m}, h=100\ \mu\text{m}$

E：$w=500\ \mu\text{m}, g=300\ \mu\text{m}, h=100\ \mu\text{m}$　　F：$w=200\ \mu\text{m}, g=200\ \mu\text{m}, h=100\ \mu\text{m}$

图 6-14　不同流道结构微流控变色镜的色度差

6.1.2.6　外观视觉特性

根据波动光学原理，透镜相当于一个圆孔，由于衍射效应的存在，一个物点透过透镜所成的像不是一个几何像点，而是一个艾理斑，人眼近似于一个透镜，当两个物点相距很近时，对应在人眼视网膜上成像的两个艾理斑会距离很近而导致不能分辨。

人眼能否从总光强分布中辨别出两个物点 A、B 的像，取决于亮度较大的两个艾理斑的重叠情况，通常用发光强度相等的两个物点对透镜光心的夹角 θ 来衡量艾理斑的重叠程度，重叠过多时，就不能分辨。根据瑞丽判据，从衍射图样看，当物点 A 的艾理斑的第一极暗环恰好与物点 B 的艾理斑中心重合，物点 B 的第一极暗环恰好与物点 A 的艾理斑中心重合，即一个艾理斑中心恰好落在另一个艾理斑边缘时，两物点 A、B 恰好能分辨，由此可得，人眼能够分辨的最小分辨角为：

$$\theta_{\min} = 1.22\frac{\lambda}{D_0} \tag{6-8}$$

式中　$\theta_{\min}$——人眼最小分辨角，rad；

　　　λ——光波波长，m；

　　　D_0——人眼瞳孔直径，m。

正常人眼瞳孔直径 D_0 约为 3 mm，人眼视觉最敏感的光波波长 λ 约为 550 nm，则由式(6-8)可得，人眼的最小分辨角 $\theta_{\min}$ 约为 2.24×10^{-4} rad。

人眼能够分辨物点 A、B 的最小距离可以表示为：

$$d_{\min} = \theta_{\min}S \tag{6-9}$$

式中 $d_{\min}$——两物点之间的最小分辨距离,m;

S——物点距离人眼的距离,m。

微流控变色薄膜内部布满微米级平行分布的微流道,微流道内充满有色液体后完成变色,当人眼距离变色薄膜不同距离观测代表流道间隔的 A、B 两点时,会产生不同的外观视觉效果,如图 6-15 所示。

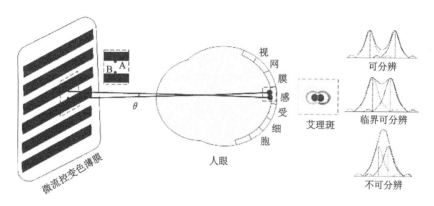

图 6-15 微流控变色薄膜人眼成像示意图

根据式(6-9)可得人眼距离变色薄膜不同观测距离时人眼最小可分辨流道间隔,如图 6-16 所示。由图可得,最小可分辨流道间隔与观测距离之间为线性关系,随着观测距离的增加,最小可分辨流道间隔逐渐增加,当人眼距离变色薄膜 1 m 时,最小可分辨流道间隔为 224 μm,当观测距离为 10 m 时,最小可分辨流道间隔为 2 240 μm。这里,微流控变色薄膜内微流道主要采用 200 μm 的间隔,因此,当观测距离大于 0.9 m 时,无法分辨流道间隔,变色区域的整体性和外观视觉效果较好。

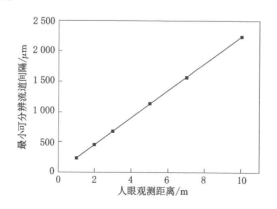

图 6-16 不同观测距离时人眼最小可分辨流道间隔

6.2　微流控变色伪装

6.2.1　微流控伪装薄膜结构

　　根据背景环境的不同,设计与之相匹配的不规则微流道结构,并充入相应颜色的液体,以破坏物体表面的整体性,实现伪装效果。图 6-17(a)所示为微流控伪装结构原理图,基本结构包括 CR-39 基底镜片和 PDMS 伪装薄膜,根据设计的微流道结构,采用第 4 章所述方法制备微流控伪装薄膜模具,利用软刻蚀技术完成 PDMS 伪装薄膜的制作,并采用不可逆封接方法实现 PDMS 薄膜与 CR-39 基底镜片之间的封接。

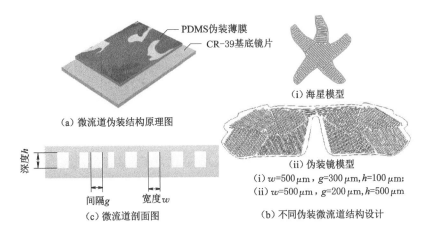

(a)微流道伪装结构原理图

(i)海星模型

(ii)伪装镜模型

(i) w=500 μm , g=300 μm, h=100 μm;

(ii) w=500 μm , g=200 μm, h=500 μm

(c)微流道剖面图

(b)不同伪装微流结构设计

图 6-17　微流控伪装原理及结构

　　这里主要设计了两种不同结构和功能的微流控伪装薄膜,一个用于海星表面体伪装,另一个用于人脸面部伪装。图 6-17(b)所示为不同伪装薄膜内微流道的结构设计图,图 6-17(c)所示为微流道剖面图。不同流道结构会产生不同的伪装效果,实际应用中可根据背景环境的特点进行针对性的设计,以实现更好的伪装作用。

　　根据图 6-17 中的微流道设计方案,利用第 4 章所述方法完成了微流控伪装薄膜的制作封接,并根据背景颜色的特点,在 PDMS 伪装薄膜内充入相应颜色的液体进行伪装试验观测。

　　图 6-18 所示为微流控伪装海星在两种不同背景环境下所拍摄的伪装效果图,图 6-19 所示为微流控伪装镜在三种不同背景环境下的伪装效果图。直观观

测可以发现,伪装后的海星和镜片与背景融合度高,表面轮廓的完整度降低,实现了一定的伪装作用。

(a) 伪装前   (b) 伪装后

图 6-18　不同背景下微流控伪装海星试验观测

6.2.2　伪装特性

6.2.2.1　灰度直方图

为了定量评价微流控伪装薄膜的伪装效果,这里采用灰度直方图模型分别对伪装前和伪装后图像表面的灰度值变化及其出现的概率进行分析。灰度直方图统计图像中各灰度级出现的次数或概率,可以用式(6-10)所示的离散函数来表示:

$$n(r_k) = n_k, k = 0, 1, 2, \cdots, l_0 - 1 \tag{6-10}$$

式中　r_k——图像第 k 级的灰度;

　　　　n_k——图像中灰阶值为 r_k 的像素数;

　　　　l_0——图像的灰度级数。

这里采用 256 灰阶进行分析计算,$l_0 = 0$ 表示最暗,$l_0 = 255$ 表示最亮,如式(6-11)所示:

$$0 \leqslant l_0 \leqslant 255 \tag{6-11}$$

对于给定的原始图片,每一个像素点的灰阶在[0 255]之间是随机的,即 r_k 是一个随机变量,可用概率密度函数 $p_r(r_k)$ 来表示原始图像的亮度分布,归一化

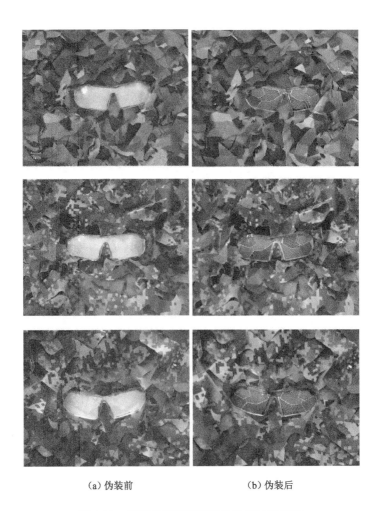

(a) 伪装前　　　　　　　　　(b) 伪装后

图 6-19　不同背景下微流控伪装镜试验观测

后的 $p_r(r_k)$ 可以表示为：

$$p_r(r_k) = \frac{n_k}{n_0}, k = 0, 1, 2, \cdots, l_0 - 1 \tag{6-12}$$

式中　$p_r(r_k)$——灰度级 r_k 出现的概率；

　　　n_0——图像中的像素总数。

在灰度直方图坐标系中，横坐标表示图像中各个像素点的灰度级，纵坐标表示每个灰度级上各个像素点出现的概率。在 MATLAB 7.0 环境下建立灰度直方图分析模型，并分别对图 6-18 和图 6-19 中伪装前、伪装后及背景环境图进行灰度直方图分析与归一化处理,如图 6-20 和图 6-21 所示。由图 6-20 可知,伪装前海星的像素灰度主要分布在 $180 \sim 230$ 之间,伪装后主要分布在 $50 \sim 200$ 之间,背景像素灰度主要分布在 $0 \sim 250$ 之间。由图 6-21 可知,伪装前镜片的像素灰度主要分布在 $150 \sim 210$ 之间,伪装后主要分布在 $0 \sim 220$ 之间,背景像素灰度主要分布在 $0 \sim 200$ 之间。因此,与伪装前相比,伪装后图像表面像素灰度分布与背景像素灰度分布具有较高重合区间,实现了较好的伪装功能。

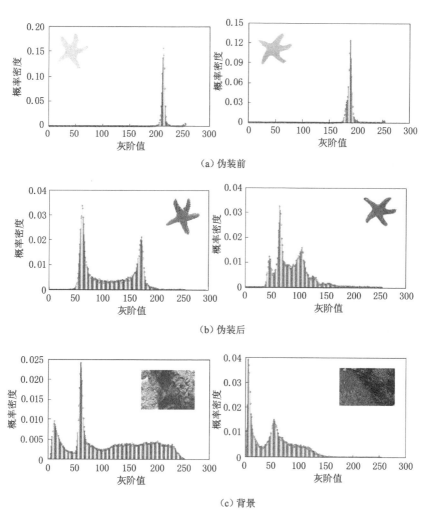

图 6-20　微流控伪装海星灰度直方图分析

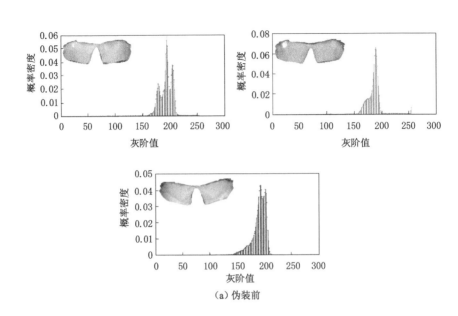

（a）伪装前

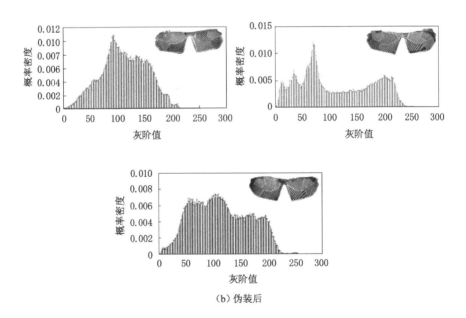

（b）伪装后

图 6-21　微流控伪装镜灰度直方图分析

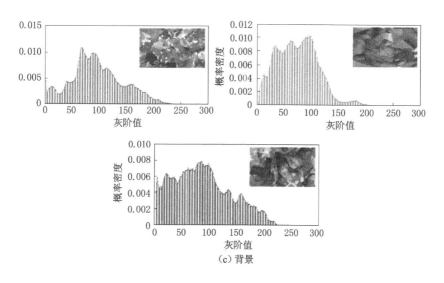

（c）背景

图 6-21（续）

6.2.2.2 "Canny"双阈值边界逻辑检测[63-65]

"Canny"双阈值边界逻辑检测在保留原有图像属性的情况下,能够显著减小图像的数据规模,是一种被广泛应用的多级边缘检测算法。这里采用"Canny"双阈值边界逻辑检测对伪装前后的边界特性作进一步的分析评价,步骤如下。

1. 图像读取和灰度化

"Canny"双阈值边界逻辑检测算法通常处理的图像为灰度图,因此首先将试验所拍摄的彩色图片进行灰度化处理,即将图像各个通道的采样值进行加权平均。这里主要针对 RGB 格式的彩图,灰度化处理算法可以表示为:

$$Y = 0.299R + 0.587G + 0.114B \tag{6-13}$$

式中 Y——像素点的亮度值;

R,G,B——像素点的三原色值。

2. 图像滤波

"Canny"双阈值边界逻辑检测算法主要是基于图像灰度强度的一阶或二阶导数,但导数通常对噪声很敏感,因此必须采用滤波器来改善与噪声有关的边缘检测器的性能,这里采用 Gaussian 滤波实现图像的平滑处理。

3. 梯度幅值和方向的计算

这里采用一阶有限差分来近似分析图像灰度值的梯度幅值和方向,选择的索贝尔(Sobel)算子模板可以表示为:

$$\boldsymbol{s}_x = \begin{bmatrix} -1 & 0 & 1 \\ -2 & 0 & 2 \\ -1 & 0 & 1 \end{bmatrix} \tag{6-14}$$

$$\boldsymbol{s}_y = \begin{bmatrix} 1 & 2 & 1 \\ 0 & 0 & 0 \\ -1 & -2 & -1 \end{bmatrix} \tag{6-15}$$

$$\boldsymbol{K}_c = \begin{bmatrix} \boldsymbol{a}_0 & \boldsymbol{a}_1 & \boldsymbol{a}_2 \\ \boldsymbol{a}_7 & [i,j] & \boldsymbol{a}_3 \\ \boldsymbol{a}_6 & \boldsymbol{a}_5 & \boldsymbol{a}_4 \end{bmatrix} \tag{6-16}$$

式中 $\boldsymbol{s}_x$——x 方向 Sobel 算子模板，$\boldsymbol{s}_x = (a_2 + 2a_3 + a_4) - (a_0 + 2a_7 + a_6)$；

$\boldsymbol{s}_y$——y 方向 Sobel 算子模板，$\boldsymbol{s}_y = (a_0 + 2a_1 + a_2) - (a_6 + 2a_5 + a_4)$；

$\boldsymbol{K}_c$——待处理点的邻域点标记矩阵。

则每个被访问点的梯度幅值和方向可以表示为：

$$G[i,j] = \sqrt{\boldsymbol{s}_x^2 + \boldsymbol{s}_y^2} \tag{6-17}$$

$$\boldsymbol{\alpha}[i,j] = \arctan(\boldsymbol{s}_x / \boldsymbol{s}_y) \tag{6-18}$$

4. 双阈值的选取

为了减少假边缘的数量，这里采用双阈值算法，分别选择高低两个阈值，首先根据高阈值得到一个边缘图像，可以有效减少图像中的假边缘，但产生的图像边缘可能不闭合，因此需要在断点的 8 邻域点中寻找满足低阈值的点，然后根据此点收集新的边缘，直到整个图像边缘闭合。不同阈值选择会对分析结果产生一定影响。这里，按照经验法选取阈值，高低阈值间的关系可以表示为：

$$T_H = 0.4 T_L \tag{6-19}$$

式中 T_H——高阈值；

T_L——低阈值。

在 MATLAB 7.0 环境下建立上述"Canny"双阈值边界逻辑检测模型，并分别对图 6-7 中第二组和图 6-8 中第一组试验条件下的伪装特性进行检测分析。

分别在两组不同阈值条件下，对不同伪装试验进行"Canny"双阈值边界逻辑检测，如图 6-22 和图 6-23 所示。由图可知，伪装后的海星和镜片的边界轮廓不明显，与背景环境具有较高的相融性，与灰度直方图分析结果相吻合。同时，阈值的高低对图像边缘信息检测会产生一定的影响，阈值越大，所获得图像边缘信息越少。

图 6-24 所示为图 6-18 和图 6-19 中不同伪装试验下的频谱观测图。由图可知，与伪装前相比，伪装后图像频谱的高频分量（主要代表边缘和轮廓信息）明显

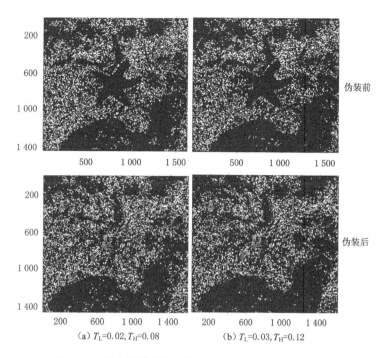

（a）T_L=0.02，T_H=0.08　　　　　　（b）T_L=0.03，T_H=0.12

图 6-22　微流控伪装海星"Canny"双阈值边界逻辑检测

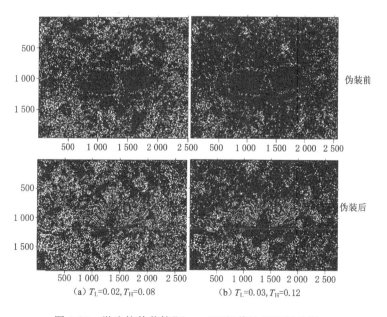

（a）T_L=0.02，T_H=0.08　　　　　　（b）T_L=0.03，T_H=0.12

图 6-23　微流控伪装镜"Canny"双阈值边界逻辑检测

减少,说明伪装后物体的边缘轮廓淡化,伪装效果较好,验证了"Canny"双阈值边界逻辑检测结果。

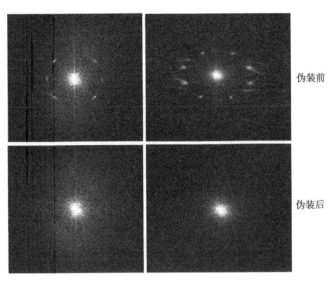

（a）微流控伪装海星　　　（b）微流控伪装镜

图 6-24　不同伪装试验下的频谱分析

6.2.3　其他伪装实例

6.2.3.1　软体伪装机器人

哈佛大学的 Whitesides 课题组报道了一种具有伪装/显示功能的软体机器人[66],如图 6-25 所示。该装置利用 PDMS 材料和软刻蚀技术在机器人的表面制作一层微流道网络,通过在微流道中通入不同颜色的液体来实现软体机器人的伪装/显示,且整个过程完全可逆。由于整个微流道内流体体积小、质量轻,因此对其运动速度的影响较小。该装置整体实现效果良好,概念新颖可行,不仅具有战略价值,还可以应用到医学等其他领域。但该系统表面微流道网络的制作材料为普通塑料,且该网络结构主要用于物体表面的体伪装/显示,因此在材料选择和加工制作过程中不考虑伪装系统的光学特性,不适用于对光学特性要求较高的伪装系统。

6.2.3.2　仿蜂窝热隐身微流控薄膜

图 6-26 是一种仿生蜂窝结构的热隐身微流控薄膜[67],该薄膜采用仿生蜂窝结构,内部结构为六棱柱,呈蜂窝状分布,蜂窝芯层分隔为多个子空腔,使进入

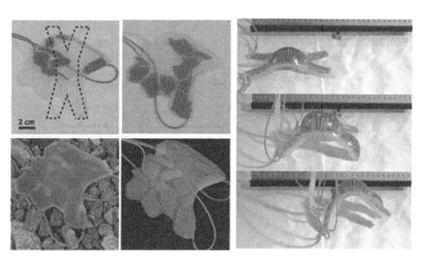

图 6-25　伪装软体机器人

薄膜的热量受到极大阻碍,因此,蜂窝夹层结构具有隔热的效果。另外,仿生蜂窝结构能够起到支承作用,减少因流体进出薄膜而引起薄膜的弹性变形。将热隐身微流控薄膜附着在伪装目标表面时,气体夹芯层靠近目标表面,而液体夹芯层靠近外界环境。气体夹芯层通入不同温度的气体,起到保温隔热或散热的作用。薄膜的热稳定性在−40~230 ℃范围内。向伪装薄膜中充入不同温度的液体,可以显示出各式各样的假目标来迷惑观察者。

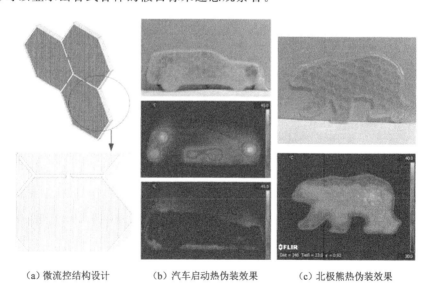

（a）微流控结构设计　　　（b）汽车启动热伪装效果　　　（c）北极熊热伪装效果

图 6-26　仿蜂窝热隐身微流控薄膜

图 6-26(b)为汽车启动热伪装效果。在车辆模型表面附上薄膜,由微流控伪装系统向薄膜中充入流体,以达到伪装目标的热隐身效果,伪装薄膜不仅可以用来热隐身,还可以用来显示虚假目标。图 6-26(c)展示了北极熊热伪装效果,北极熊是哺乳动物,体温为 36.5 ℃,由微流控伪装系统向薄膜中充入流体,红外监视设备和观察者会误判为真实的动物。

6.2.3.3　微纳自适应变色装置

为了克服传统变色技术的缺陷,科研工作者们积极探索和研究基于自适应变色材料的动态变色隐身技术,以使得目标物适应和融入复杂多变的背景环境中。随着人们对于变色龙皮肤和蝴蝶翅膀变色原理的深入研究,利用材料表面微纳米结构紧密程度的变化来实现颜色调整的变色方法,逐渐成为热门的研究方向,通过反射光波与周围景物反射光波大致相同,可以起到迷惑视觉的作用。

图 6-27 为一种气压驱动微纳结构自适应变色装置[68],该装置能够使目标在颜色、亮度、纹理等可见光特征上始终与周围环境背景相融合。其结构主要包括变色薄膜装置和气动控制系统。变色薄膜装置由若干个变色薄膜组成,每个变色薄膜由两层 PDMS 薄膜形成空心容腔。气动控制系统包括多个压缩气源,每个压缩气源的出气端通过管道与至少一个变色薄膜的容腔连接,且压缩气源的出气端设置有比例减压阀和换向阀。压缩空气经比例减压阀调压后,再经换向阀进入变色薄膜的容腔,使变色薄膜的第一 PDMS 微纳结构板在内部气体压力的作用下膨

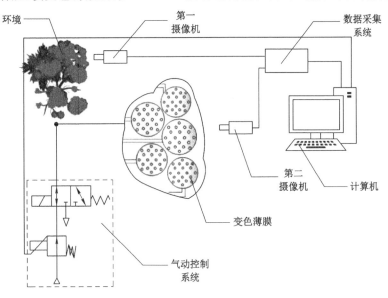

图 6-27　气压驱动微纳结构自适应变色装置

胀,外表面颗粒之间的分布间距增大,使反射的可见光波长增加,变色薄膜外表面由蓝绿色变为黄红色,完成变色;反之,当从变色薄膜的容腔内吸出一定量的无色气体时,变色薄膜的容腔体积减小,膜内压力降低,容腔上表面第一 PDMS 微纳结构板再次发生收缩形变,微纳米结构的微小颗粒排列分布变为紧密,反射的可见光波长减小,变色薄膜外表面由黄红色变为蓝绿色,再次使变色薄膜完成变色。

6.3 微流控滤光镜头

传统滤光片的加工主要是在塑料或玻璃表面通过镀膜工艺制作特殊功能的滤光层,制作工艺复杂且功能单一。基于微流控变色系统,这里提出了微流控滤光镜片,并对其光学性能和滤光特性进行分析评价。

6.3.1 微流控滤光镜片结构

根据不同使用者的滤光需求,设计不同结构的微流道,并充入相应颜色或吸光性的液体,实现镜片对光线的过滤作用。图 6-28 所示为微流控滤光镜片的基本结构和工作原理图,主要包括 CR-39 基底镜片和 PDMS 滤光层,具有微流道结构的 PDMS 滤光层采用第 5 章所述方法完成制作,并与 CR-39 基底镜片通过不可逆封接构成具有闭合微流道结构的微流控滤光镜片。同时,微流控滤光镜片可实现两层或多层 PDMS 滤光层的叠加封接制作,通过在上下两层 PDMS 滤光层的微流道内充入不同功能的有色液体,实现对不同波长光的吸收,获得不同的滤光效果。滤光层微流道内的有色液体可根据需要灵活手动更换,且反复操作的可靠性高。

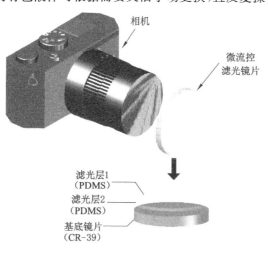

图 6-28 微流控滤光镜片的基本结构和工作原理

试验中,镜片内微流道的设计初步采用圆弧形流道结构,如图 6-29 所示。实际应用中,流道形状和尺寸可以根据使用需求进行个性化设计,并能够利用软刻蚀技术实现镜片的快速制作。

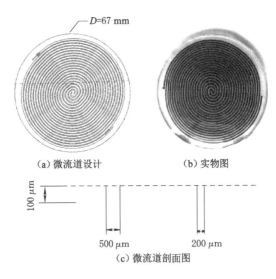

(a) 微流道设计　　　　　　(b) 实物图

(c) 微流道剖面图

图 6-29　微流控滤光镜片内微流道的设计

6.3.2　滤光特性

　　针对不同的入射光,微流控滤光镜片可以实现不同滤光功能,主要包括可见光区滤光和红外滤光,可以通过不同的功能液体来实现。

6.3.2.1　可见光微流控滤光镜头

　　根据光的吸收定律,不同颜色的透明物体在可见光区域内均具有不同波长范围的吸收带,一般能够通过与其本身颜色相同的色光,全部或部分通过相邻颜色的色光,而吸收其补色及其他色光。因此,通过在微流控滤光镜片内充入不同颜色的微流体,可以实现对不同色光的过滤作用。图 6-30 和图 6-31 所示为充入不同颜色液体后微流控滤光镜片的选择性滤光原理和可见光区的透光率。由图可知,橙色微流控滤光镜片主要吸收可见光中的蓝色、绿色和紫色的色光,使得红色、橙色、黄色及部分其他颜色的色光通过;蓝色微流控滤光镜片主要吸收可见光中的黄色、橙色和红色的色光,使得蓝色、绿色、紫色及部分其他颜色的色光通过。试验所用液体均为染色去离子水。因此,采用不同颜色微流控滤光镜片滤光后,图片会呈现出与滤光前不同的色调。

　　彩色微流控滤光镜片可以衰减可见光中某些波段的强光,减少眩光的影响,

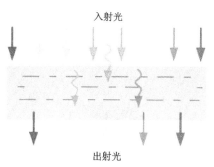

入射光

出射光

（a）选择性滤光原理

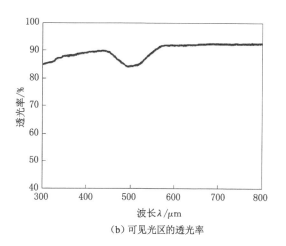

（b）可见光区的透光率

图 6-30　橙色微流控滤光镜片选择性滤光

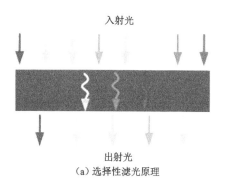

入射光

出射光

（a）选择性滤光原理

图 6-31　蓝色微流控滤光镜片选择性滤光

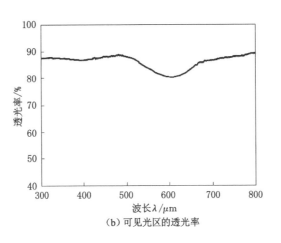

（b）可见光区的透光率

图 6-31（续）

提高图像的清晰度。一个理想的清晰度评价函数应满足高灵敏度、单一峰值检测、抗干扰性强和算法简洁等特点，常用的清晰度评价函数主要包括四种：边缘梯度检测、基于相关性原理、基于统计原理和基于变换的评价函数。这里选用基于边缘梯度检测中的拉普拉斯图像清晰度评价函数，对使用微流控滤光镜片后的滤光效果进行清晰度评价[69-70]，其中，拉普拉斯算子可以表示为：

$$\nabla^2 = \begin{bmatrix} -1 & -4 & -1 \\ 4 & 20 & 4 \\ -1 & -4 & -1 \end{bmatrix} \tag{6-20}$$

图像清晰度函数可以表示为：

$$F_c = \frac{1}{M \times N} \sum_{x=1}^{M} \sum_{y=1}^{N} I_{xy}^2 \tag{6-21}$$

式中　F_c——图像清晰度；

　　　M, N——图像矩阵的行数和列数；

　　　I_{xy}——单点像素的清晰度值。

式(6-21)中，I_{xy} 由图像像素点的灰度值与拉普拉斯算子 ∇^2 卷积得到，表示为：

$$I_{xy} = 20g(x, y) - g(x-1, y-1) - 4g(x-1, y) - g(x-1, y+1) -$$
$$4g(x, y-1) - 4g(x, y+1) - g(x+1, y-1) - 4g(x+1, y) -$$
$$g(x+1, y+1) \tag{6-22}$$

式中　$g(x, y)$——单点像素的灰度值。

这里在 MATLAB 7.0 环境下建立上述清晰度评价模型，分别对同一景物采用不同颜色的微流控滤光镜片后的滤光效果图进行清晰度评价,相同条件下图片均拍摄 5 次,分别计算清晰度值并求取平均值,计算结果如图 6-32 所示。由图可知,与未滤光图像相比,使用不同颜色的微流控滤光镜片后,图像清晰度均有不同程度的提高。其中,使用绿色微流控滤光镜片后,图像平均清晰度值为 7.86×10^4,与滤光前的 5.54×10^4 相比,图像清晰度约提高了 41.9%;使用蓝色微流控滤光镜片后,图像平均清晰度值为 6.90×10^4,与滤光前的 4.96×10^4 相比,图像清晰度约提高了 39.1%。

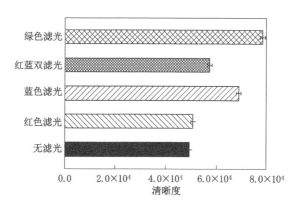

图 6-32　不同微流控滤光镜片下图像清晰度计算

6.3.2.2　红外截止微流控滤光镜头

红外截止滤光主要用于机器视觉应用里的黑白及彩色相机,尤其是近红外波长的光($800 \sim 1\,000$ nm),通常由工作环境中的荧光灯及其他不必要的光源散发,会严重影响相机传感器的准确度,造成假色彩,降低图像质量。因此,必须要对红外光加以抑制,同时需保持可见光的高透性,从而使相机成像元件 CCD/COMS 对光的感应更加接近于人的眼睛,使所拍摄图像也更加符合眼睛的感应。

这里利用金属化合物 $Cu(NO_3)_2$ 对近红外光的吸收作用,通过在滤光镜片微流道内充入一定浓度的 $Cu(NO_3)_2$ 溶液实现对近红外光的过滤。图 6-33 所示为充入 0.4 mol/L 的 $Cu(NO_3)_2$ 溶液时,微流控滤光镜片的光谱图,由图可知,绝大部分的近红外光已被过滤,且可见光区域的透光率均大于 80%,因此满足红外截止滤光的性能要求。同时,该镜片也可以有效减弱近紫外光的进入,保护人眼视觉系统。

目前,常用的红外截止滤光设备主要采用反射式原理,通过表面镀膜使其在可见光区域的透过率较高、反射率较低,而在红外区域正好相反,从而实现抑制

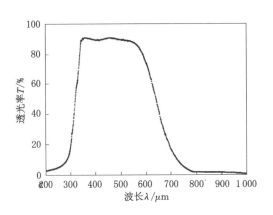

图 6-33　红外截止微流控滤光镜片光谱图

红外光的作用。但是,当相机成一定角度拍摄照片时,红外光在红外膜上会有较大反射,且光线经过多次反射后,会在照片上形成明显的光晕现象。这里提出的红外截止微流控滤光主要利用金属化合物对红外线的吸收功能实现红外滤光作用,因此不存在较大的反射,且成角度拍摄时,均不会在照片上形成光晕现象。图 6-34 为上述红外滤光条件下,使用佳能 EOS 700D 相机在相同角度下的拍摄效果图。由图可知,与传统反射式红外滤光相比,采用微流控红外截止滤光镜片能够有效抑制光晕的产生,提高图像的整体质量。

（a）传统红外截止滤光

（b）微流控红外截止滤光

图 6-34　不同红外滤光条件下佳能 EOS 700D 相关拍摄效果图

参 考 文 献

[1] SUN J, SRIVASTAVA A K, ZHANG W, et al. Optically rewritable 3D liquid crystal displays[J]. Optics letters, 2014, 39(21): 6209-6212.

[2] REINHARD S. Cadmium-free quantum dots offer vibrant color for liquid crystal displays[J]. Photonics spectra, 2016, 50(5): 32-35.

[3] DUMAS J C, VIDAL J, DUMAS V. Fast response liquid crystal glasses [J]. Lighting research & technology, 2012, 44(4): 498-505.

[4] KANG C K, STEVENS M, MOON J Y, et al. Camouflage through behavior in moths: the role of background matching and disruptive coloration[J]. Behavioral ecology, 2015, 26(1): 45-54.

[5] 林炳承, 秦建华. 微流控芯片实验室[M]. 北京: 科学出版社, 2006.

[6] LEE S C, HUR S, KANG D, et al. The performance of bioinspired valveless piezoelectric micropump with respect to viscosity change[J]. Bioinspiration & biomimetics, 2016, 11(3): 036006.

[7] MA H K, LUO W F, LIN J Y. Development of a piezoelectric micropump with novel separable design for medical applications[J]. Sensors and actuators A: physical, 2015, 236: 57-66.

[8] LEE K S, KIM B, SHANNON M A. An electrostatically driven valve-less peristaltic micropump with a stepwise chamber[J]. Sensors and actuators A: physical, 2012, 187: 183-189.

[9] SIMA A H, SALARI A, SHAFII M B. Low-cost reciprocating electromagnetic-based micropump for high-flow rate applications[J]. Journal of micro/nanolithography, MEMS, and MOEMS, 2015, 14(3): 035003.

[10] DICH N Q, DINH T X, PHAM P H, et al. Study of valveless electromagnetic micropump by volume-of-fluid and OpenFOAM[J]. Japanese journal of applied physics, 2015, 54(5): 057201.

[11] ZORDAN E, AMIROUCHE F, ZHOU Y. Principle design and actuation of a dualchamber electromagnetic micropump with coaxial cantilever

valves[J]. Biomedical microdevices,2010,12(1):55-62.

[12] CHEE P S,NAFEA M,LEOW P L,et al. Thermal analysis of wirelessly powered thermo-pneumatic micropump based on planar LC circuit[J]. Journal of mechanical science and technology,2016,30(6):2659-2665.

[13] KIM B. Electrostatically driven micropump with peristaltically moving membrane [J]. Microand nano letters,2013,8(10):654-658.

[14] ZHANG Z H,KAN J W,WANG S Y,et al. Development of a self-sensingpiezoelectric pump with a bimorph transducer[J]. Journal of intelligent material systems and structures,2016,27(5):581-591.

[15] 李鑫.基于 MEMS 技术的无阀压电微泵的研究[D]. 大连:大连理工大学,2009.

[16] GASSMANN S, PAGEL L, LUQUE A, et al.Fabrication of electroosmotic micropump using PCB and SU-8[C]//38th Annual Conference on IEEE Industrial Electronics Society. Montreal,QC,Canada. IEEE,2012:3958-3961.

[17] LIU B D,SUN J C,LI D S,et al. A high flow rate thermal bubble-driven micropump with induction heating [J]. Microfluidics and nanofluidics, 2016,20(11):1-9.

[18] ASHOURI M, SHAFII M B, MOOSAVI A, et al. A novel revolving pistonminipump[J]. Sensors and actuators B:chemical,2015,218:237-244.

[19] BRUUS H. Theoretical microfluidics[M]. Oxford:Oxford University Press,2008.

[20] WHITE F M. Fluid mechanics[M]. 6th ed. New York:McGraw-Hill,2008.

[21] DEAN W R.The stream-line motion of fluid in a curved pipe[J]. Philosophical magazine,1928,5(30):673-695.

[22] LI S J,ZHANG M,NIE B X.A microfluidic system for liquid colour-changing glasses with shutter shade effect[J]. Microsystem technologies, 2016,22(8):2067-2075.

[23] ZHANG M, LI S J.An automatic liquid-filled colour-changing glasses based on thermo-pneumatic technology[C]//2015 International Conference on Fluid Power and Mechatronics. Harbin,China. IEEE,2015:720-723.

[24] LEE J K,PARK K W,LIM G,et al. Variable-focus liquid lens based on a laterally-integrated thermopneumatic actuator[J]. Journal of the optical society of Korea,2012,16(1):22-28.

[25] 张敏,李松晶,蔡申.基于无阀压电微泵控制的微流控液体变色眼镜[J].吉林大学学报(工学版),2017,47(2):498-503.

[26] 闫晓军,张小勇.形状记忆合金智能结构[M].北京:科学出版社,2015.

［27］ PATOOR E，LAGOUDAS D C，ENTCHEV P B，et al.Shape memory alloys，part Ⅰ：general properties and modeling of single crystals［J］.Mechanics of materials，2006，38(5/6)：391-429.

［28］ 吴冷西.Ni-Ti-Hf 高温形状记忆合金薄膜的制备与表征［D］.哈尔滨:哈尔滨工业大学，2015.

［29］ NEMAT-NASSER S，SU Y，GUO W G.Experimental characterization and micromechanical modeling of superelastic response of a porous NiTi shape-memory alloy［J］.Journal of the mechanics and physics of solids，2005，53(10)：2320-2346.

［30］ ELAHINIA M，MOGHADDAM N S，ANDANI M T，et al.Fabrication of NiTi through additive manufacturing：a review［J］.Progress in materials science，2016，83：630-663.

［31］ HU L F，KOTHALKAR A，PROUST G，et al.Fabrication and characterization of NiTi/Ti$_3$SiC$_2$ and NiTi/Ti$_2$AlC composites［J］.Journal of alloys and compounds，2014，610：635-644.

［32］ ZHANG M，LI S J.Design and analysis of a microfluidic colour-changing glasses controlled by shape memory alloy（SMA）actuators［J］.Microsystem technologies，2018，24(2)：1097-1107.

［33］ 张敏，李松晶.基于形状记忆合金(SMA)驱动的微流控变色系统［J］.西北工业大学学报，2020，38(2)：377-383.

［34］ REN Y K，LIU X Y，LIU W Y，et al.Flexible particle flow-focusing in microchannel driven by droplet-directed induced-charge electroosmosis［J］.Electrophoresis，2018，39(4)：597-607.

［35］ 景天磊.超声行波微流体驱动技术的参数研究与仿真［D］.济南:山东大学，2014.

［36］ 万静.MHD 微流控驱动技术与微流控光器件研究［D］.南京:南京邮电大学，2016.

［37］ SEDLÁK P，FROST M，BENEŠOVÁ B.Thermomechanical model for NiTi-based shape memory alloys including R-phase and material anisotropy under multi-axial loadings［J］.International journal of plasticity，2012，39：132-151.

［38］ NESPOLI A，VILLA E，BESSEGHINI S.Thermo-mechanical properties of snake-like NiTi wires and their use in miniature devices［J］.Journal of thermal analysis and calorimetry，2012，109(1)：39-47.

［39］ 赖宇阳.Isight 参数优化理论与实例详解［M］.北京:北京航空航天大学出

版社,2012.

[40] MENDOZA F, BERNAL-AGUSTIN J L, DOMINGUEZ-NAVARRO J A. NSGA and SPEA applied to multiobjective design of power distribution systems[J]. IEEE transactions on power systems,2006,21(4):1938-1945.

[41] 谭艳艳.几种改进的分解类多目标进化算法及其应用[D].西安:西安电子科技大学,2013.

[42] VO-DUY T, DUONG-GIA D, HO-HUU V.Multi-objective optimization of laminated composite beam structures using NSGA-II algorithm[J]. Composite structures,2017,168:498-509.

[43] HOJJATI S H, HOJJATI S H, NEYSHABOURI S A A S.The objective design of triangular bucket for dam's spillway using Non-dominated Sorting Genetic Algorithm Ⅱ:NSGA-II[J].Scientia iranica,2017,24(1):19-27.

[44] 吴静,徐军飞,石聪灿,等.纸基微流控芯片的研究进展及趋势[J].中国造纸学报,2018,33(2):57-64.

[45] 伊福廷,吴坚武,冼鼎昌.微细加工新技术:LIGA 技术[J].微细加工技术,1993(4):1-7.

[46] 孔祥东,张玉林,宋会英.LIGA 工艺的发展及应用[J].微纳电子技术,2004,41(5):13-18.

[47] 吴广峰,胡鸿胜,朱文坚.LIGA 工艺基础及其发展趋势[J].机电工程技术,2007,36(12):89-92.

[48] 范一强,王玫,张亚军.3D 打印微流控芯片技术研究进展[J].分析化学,2016,44(4):551-561.

[49] SMEJKAL P,BREADMORE M C,GUIJT R M,et al. Analytical isotachophoresis of lactate in human serum using dry film photoresist microfluidic chips compatible with a commercially available field-deployable instrument platform[J]. Analytica chimica acta,2013,803:135-142.

[50] QU N S,CHEN X L,LI H S,et al. Electrochemical micromachining of micro-dimple arrays on cylindrical inner surfaces using a dry-film photoresist [J]. Chinese journal of aeronautics,2014,27(4):1030-1036.

[51] VLACHOPOULOU M E,TSEREPI A,PAVLI P,et al. A low temperature surface modification assisted method for bonding plastic substrates[J]. Journal of micromechanics and microengineering,2009,19(1):015007.

[52] BROWN L,KOERNER T,HORTON J H,et al. Fabrication and characterization

of poly (methylmethacrylate) microfluidic devices bonded using surface modifications and solvents[J].Lab on a chip,2006,6(1):66-73.

[53] CUI L Y,RANADE A N,MATOS M A,et al.Improved adhesion of dense silica coatings on polymers by atmospheric plasma pretreatment[J]. ACS applied materials & interfaces,2013,5(17):8495-8504.

[54] HEMMILÄ S,CAUICH-RODRÍGUEZ J V,KREUTZER J,et al. Rapid, simple, and cost-effective treatments to achieve long-term hydrophilic PDMS surfaces[J]. Applied surface science,2012,258(24):9864-9875.

[55] ZHOU H,SU Y,CHEN X R,et al. Plasma modification of substrate with poly (methylhydrosiloxane) for enhancing the interfacial stability of PDMS/PAN composite membrane[J]. Journal of membrane science,2016, 520:779-789.

[56] BORAH D,RASAPPA S,SENTHAMARAIKANNAN R,et al. Tuning PDMS brush chemistry by UV-O$_3$ exposure for PS-b-PDMS microphase separation and directed self-assembly[J]. Langmuir,2013,29(28):8959-8968.

[57] BONDAREV M A,PERLIN E Y.A transient two-photon-one-photon double resonance on interband transitions in crystals：Ⅱ. Calculation of absorbed of light energy[J]. Optics and spectroscopy,2017,122(4):567-573.

[58] WALTON D P,REGAN C J,SHAFAAT O S,et al.Visible-light absorbing, photolabile,quinone-based protecting groups for alcohols and amines[J]. Biophysical journal,2016,110(3):455a.

[59] KENT M G,ALTOMONTE S,WILSON R,et al.Temporal effects on glare response from daylight[J]. Building and environment,2017,113:49-64.

[60] KENT M G,ALTOMONTE S,TREGENZA P R,et al. Discomfort glare and time of day[J]. Lighting research and technology,2015,47(6):641-657.

[61] 汤峰.仿人眼变焦透镜结构设计及其实验研究[D].杭州:浙江大学,2013.

[62] GUO Y,ZHANG J,MO T. Contribution of green jadeite-jade's chroma difference based on CIE 1976 l* a* b* uniform color space[J]. Advanced materials research,2010,177:620-623.

[63] 温阳东,顾倩芸,陈雪峰.基于改进 Canny 算子的 LED 晶片边缘检测[J]. 计算机应用,2013,33(9):2698-2700.

[64] RIOFRÍO P S,VILLAVICENCIO M.Canny edge detection in cross-spectral fused images[J]. Enfoqute,2017,8(1):16-30.

[65] SINGH S,DATAR A.Improved hash based approach for secure color

image steganography using canny edge detection method[J]. International journal of computer science and network security,2015,15(7):92-98.

[66] MORIN S A,SHEPHERD R F,KWOK S W,et al. Camouflage and display for soft machines[J]. Science,2012,337(6096):828-832.

[67] LI L J,CHEN C B,AN M,et al. Flow and heat transfer analysis of the microfluidic thermal camouflage film based on bionic structure[J].Case studies in thermal engineering,2023,45:102906.

[68] 杨大峰,胡玮,寇钢,等.一种气压驱动微纳结构自适应变色薄膜:CN114911050A [P]. 2022-08-16.

[69] WANG Z D,WANG J,WANG F,et al. A video quality assessment method for VoIP applications based on user experience[J].Sensing and imaging,2017, 18(1):1-14.

[70] LI S T. Clarity random for digital images based on focus measures[J]. Advances in modelling and analysis B:signals,information,patterns,data acquisition,transmission,processing,classification,2006,49(1):37-52.